微生物固定化技术在污水处理中的应用

曾 明 编著

北 京
冶金工业出版社
2021

内 容 提 要

微生物固定化技术已经被广泛用于污水处理中,但是目前缺少对其进行系统总结的专著。本书系统地讲解了微生物固定化技术在污水处理中的应用,全书共9章,分章阐述了不同形态的固定化微生物在污水处理中的应用,可以为污水处理固定化技术的实际应用提供参考。本书的特点是,作者结合自己多年的微生物固定化研究经历,详细地介绍了针对不同处理对象的固定化技术案例,案例包括了技术的任何一个环节,可以非常方便地进行复制和推广。

本书适合环境学科相关的高年级本科生、研究生以及相关研究人员使用参考。

图书在版编目(CIP)数据

微生物固定化技术在污水处理中的应用/曾明编著. —北京:冶金工业出版社,2021.6
ISBN 978-7-5024-8848-2

Ⅰ.①微… Ⅱ.①曾… Ⅲ.①微生物—固定化技术—应用—污水处理—研究 Ⅳ.①X703

中国版本图书馆 CIP 数据核字(2021)第 117003 号

出 版 人 苏长永
地　　址 北京市东城区嵩祝院北巷39号　邮编 100009　电话 (010)64027926
网　　址 www.cnmip.com.cn　电子信箱 yjcbs@cnmip.com.cn
责任编辑 夏小雪　美术编辑 吕欣童　版式设计 禹 蕊
责任校对 郭惠兰　责任印制 李玉山

ISBN 978-7-5024-8848-2
冶金工业出版社出版发行;各地新华书店经销;三河市双峰印刷装订有限公司印刷
2021年6月第1版,2021年6月第1次印刷
710mm×1000mm 1/16;10.25 印张;164 千字;151 页
60.00 元

冶金工业出版社　投稿电话 (010)64027932　投稿信箱 tougao@cnmip.com.cn
冶金工业出版社营销中心　电话 (010)64044283　传真 (010)64027893
冶金工业出版社天猫旗舰店　yjgycbs.tmall.com
(本书如有印装质量问题,本社营销中心负责退换)

前　言

微生物固定化技术是将微生物细胞限制在一个限定的空间内，以连续的进水形式进行微生物的分解代谢活动。该技术的优点是生物生长稳定、反应器形式多样、较高生物量和具备一定的传质性能。因此，该技术已被广泛用于各种类型的污水处理中，无论是生活污水还是工业废水，无论是容易降解的污染物还是难以生物降解的污染物，都取得了非常好的效果。然而，固定化技术使用的材料和形式千差万别，需要对其进行系统的总结，而且由于未来污水处理注重低能耗，因此需要开发出新的微生物固定化形式以降低能耗。

本书以凝胶材料的开发为主线，以固定化技术在污水处理中的应用为主要内容，在介绍目前已开发的固定化技术的基础上，侧重于讲解新型固定化材料在生物脱氮中的应用。全书共分为9章，分别讲述了微生物固定化技术、凝胶小球在脱氮方面的应用、凝胶小球在去除有机污染物领域的应用、凝胶与塑料填料复合载体在传统脱氮领域的应用、凝胶与塑料填料复合载体在新型脱氮领域的应用、凝胶与膜片复合载体在传统脱氮领域的应用、凝胶与膜片复合载体在新型脱氮领域的应用、侧流与主流条件下凝胶包埋对微生物的影响和展望。

本书适合环境学科相关的高年级本科生、研究生以及相关研究人员使用。读者在阅读此书时，可以结合书中的实际试验进行复制和拓展。

由于作者水平有限，书中尚存缺点和遗漏之处，尽请读者提出宝贵的意见和建议，以便于我们完善和提高。

作 者

2021 年 3 月于天津科技大学

目 录

1 微生物固定化技术 ·· 1

1.1 固定化技术 ··· 1
1.1.1 吸附 ··· 2
1.1.2 共价结合 ··· 2
1.1.3 凝胶包埋 ··· 3
1.1.4 凝胶封装 ··· 3

1.2 固定化材料 ··· 4
1.2.1 材料种类 ··· 4
1.2.2 材料特性 ··· 5

1.3 固定化技术在不同污水处理领域的应用 ··························· 7
1.3.1 难降解有机废水的处理 ······································· 7
1.3.2 含重金属废水的处理 ·· 8
1.3.3 废水中氮和磷的处理 ·· 9
1.3.4 工业染料的脱色 ·· 10
1.3.5 纳米材料增强固定化效果 ···································· 11

参考文献 ·· 13

2 凝胶小球在脱氮方面的应用 ··· 21

2.1 引言 ·· 21
2.2 材料和方法 ··· 22
2.2.1 固定技术 ··· 22
2.2.2 脱氮序批试验 ··· 22
2.2.3 比表面积测量 ··· 23
2.2.4 扫描电镜观察 ··· 23

2.2.5　ATR-FTIR 分析 …………………………………………… 24
　　2.2.6　高通量测序分析 ………………………………………… 24
　　2.2.7　呼吸速率测试 …………………………………………… 24
2.3　结果与讨论 …………………………………………………………… 24
　　2.3.1　物理特性 ………………………………………………… 24
　　2.3.2　ATR-FTIR 光谱 ………………………………………… 25
　　2.3.3　凝胶小球微观结构 ……………………………………… 26
　　2.3.4　呼吸速率测试 …………………………………………… 27
　　2.3.5　脱氮性能 ………………………………………………… 29
　　2.3.6　微生物群落 ……………………………………………… 31
2.4　结论 …………………………………………………………………… 33
参考文献 ……………………………………………………………………… 33

3　凝胶小球在去除有机污染物领域的应用 …………………………… 37

3.1　引言 …………………………………………………………………… 37
3.2　材料和方法 …………………………………………………………… 38
　　3.2.1　试剂与仪器 ……………………………………………… 38
　　3.2.2　微生物凝胶小球的制备 ………………………………… 38
　　3.2.3　模拟废水的组成 ………………………………………… 38
　　3.2.4　OTC 吸附试验 …………………………………………… 38
　　3.2.5　OTC 降解试验 …………………………………………… 39
　　3.2.6　呼吸试验 ………………………………………………… 39
　　3.2.7　分析方法 ………………………………………………… 40
　　3.2.8　高通量测序 ……………………………………………… 40
3.3　结果与讨论 …………………………………………………………… 40
　　3.3.1　OTC 的吸附 ……………………………………………… 40
　　3.3.2　OTC 的生物降解 ………………………………………… 41
　　3.3.3　微生物活性 ……………………………………………… 42
　　3.3.4　微生物多样性分析 ……………………………………… 43
3.4　结论 …………………………………………………………………… 46
参考文献 ……………………………………………………………………… 46

4 凝胶与塑料填料复合载体在传统脱氮领域的应用 ············ 49

4.1 引言 ············ 49
4.2 材料和方法 ············ 49
 4.2.1 反应器的设置和运行 ············ 49
 4.2.2 物化分析 ············ 51
 4.2.3 固定化方法 ············ 51
4.3 结果与讨论 ············ 51
 4.3.1 净化槽脱氮性能 ············ 51
 4.3.2 复合凝胶载体脱氮性能 ············ 53
 4.3.3 复合载体的储存和恢复 ············ 54
4.4 结论 ············ 56
参考文献 ············ 57

5 凝胶与塑料填料复合载体在新型脱氮领域的应用 ············ 59

5.1 引言 ············ 59
5.2 材料和方法 ············ 60
 5.2.1 固定化技术 ············ 60
 5.2.2 序批试验 ············ 61
 5.2.3 保存和复活试验 ············ 62
 5.2.4 理化分析 ············ 62
 5.2.5 样品采集、DNA 提取、PCR 扩增和高通量测序 ············ 63
 5.2.6 模型建立和模拟策略 ············ 63
5.3 结果与讨论 ············ 67
 5.3.1 接种微生物的评估 ············ 67
 5.3.2 BSgel 和 BS 系统的性能对比 ············ 69
 5.3.3 BSgel 体系中温度和有机物的影响 ············ 71
 5.3.4 BSgel 体系的复活试验 ············ 74
 5.3.5 微生物群落分析 ············ 74
 5.3.6 微生物群落结构 ············ 78
 5.3.7 营养基质的剖面 ············ 79

5.4 结论 ……………………………………………………………… 80
参考文献 ……………………………………………………………… 81

6 凝胶与膜片复合载体在传统脱氮领域的应用 …………………… 85

6.1 引言 ……………………………………………………………… 85
6.2 材料和方法 ……………………………………………………… 86
   6.2.1 固定化技术 ……………………………………………… 86
   6.2.2 反应器的启动和运行 …………………………………… 87
   6.2.3 序批试验 ………………………………………………… 88
   6.2.4 理化分析 ………………………………………………… 89
   6.2.5 凝胶膜特性的测量 ……………………………………… 89
   6.2.6 呼吸速率测量试验 ……………………………………… 90
   6.2.7 样品采集、DNA 提取、PCR 扩增和高通量测序 …… 90
6.3 结果与讨论 ……………………………………………………… 91
   6.3.1 CMAB 的特性 …………………………………………… 91
   6.3.2 CMAB 的短程硝化性能 ………………………………… 93
   6.3.3 CMAB 的微生物活性 …………………………………… 96
   6.3.4 MAB 和 CMAB 的 SND 性能 ………………………… 97
   6.3.5 MAB 和 CMAB 的微生物群落 ………………………… 101
6.4 结论 ……………………………………………………………… 103
参考文献 ……………………………………………………………… 104

7 凝胶与膜片复合载体在新型脱氮领域的应用 …………………… 108

7.1 引言 ……………………………………………………………… 108
7.2 材料和方法 ……………………………………………………… 109
   7.2.1 CMAB 的制备 …………………………………………… 109
   7.2.2 反应器的启动和运行 …………………………………… 110
   7.2.3 理化分析 ………………………………………………… 112
   7.2.4 样品采集、DNA 提取、PCR 扩增和高通量测序 …… 112
   7.2.5 数值模拟 ………………………………………………… 112
7.3 结果与讨论 ……………………………………………………… 117

7.3.1	脱氮性能评价	117
7.3.2	微生物群落分析	119
7.3.3	CMAB 的数值模拟	122

7.4 结论 ··· 129

参考文献 ··· 130

8 侧流与主流条件下凝胶包埋对微生物的影响 ················· 133

8.1 引言 ··· 133

8.2 材料和方法 ··· 134

 8.2.1 接种工艺 ·· 134

 8.2.2 凝胶小球包埋技术 ······································· 135

 8.2.3 启动过程 ·· 135

 8.2.4 DNA 提取和高通量测序 ······························ 136

8.3 结果与讨论 ··· 137

 8.3.1 细菌群落多样性分析 ···································· 137

 8.3.2 主流条件下微生物群落的变化 ······················ 137

 8.3.3 侧流条件下微生物群落的变化 ······················ 139

 8.3.4 微生物群落与环境因子的关系 ······················ 140

 8.3.5 氮去除性能 ··· 141

 8.3.6 启动过程中厌氧氨氧化菌的变化 ··················· 143

 8.3.7 环境因素对厌氧氨氧化的影响 ······················ 144

 8.3.8 启动过程中硝化菌的变化 ····························· 145

 8.3.9 启动过程中反硝化菌的变化 ·························· 145

8.4 结论 ··· 146

参考文献 ··· 147

9 展望 ·· 151

1 微生物固定化技术

1.1 固定化技术

微生物固定化技术是将微生物细胞限制在一个限定的空间内，以连续的进水形式进行微生物的分解代谢活动。其主要手段是通过表面吸附、共价结合、细胞交联、凝胶包埋和凝胶封装等方式来实现。该技术的优点是生物生长稳定、反应器形式多样、较高生物量和具备一定的传质性能。微生物固定化技术有不同的类型（见表1-1）。

表1-1 微生物细胞固定化不同方法的优缺点对比[1]

优缺点	固定化方法				
	吸附	共价结合	交联	凝胶包埋	凝胶封装
生物量	低	低	中等	高	高
对微生物毒性	无	严重	严重	严重	中等
扩散阻力	少	少	少	中等	根据凝胶材料而变化
稳定性	低	高	高	非常低	合成聚合物的稳定性好
制备方法	简单	简单	简单	复杂	简单

吸附是将细胞附着在惰性表面，是一种简单的细胞固定方法。由于微生物和惰性表面主要是通过物理相互作用连接在一起，因此这种方法也有可能使吸附的微生物较为容易地分离[2]；共价结合是通过化学修饰载体表面从而减少微生物流失的一种方法，该方法主要应用于酶固定化研究[3]；交联是一种通过物理或化学方法将微生物相互连接的方法，可用于不同的生物体联合催化同一个污染物降解反应[4]；包埋是一种将微生物封闭在天然或合成聚合物中的方法，能够有效阻止微生物细胞的流失[5]，该方法的缺点是聚合物对基质的扩散阻力和较高的制备成本；凝胶封装与包埋法不同，生物分子和细胞不是被包埋在水凝胶的格子里，而是悬浮在水凝胶内的小水舱中，膜阻碍了其中的生物分子或细胞的泄漏，但却允许小分子底物和产物的渗透。

1.1.1 吸附

吸附被认为是最古老和最常用的物理细胞固定化技术，其具有简单和可逆性[6]。营养物质与细胞的直接接触是通过吸附作用形成的。通过吸附实现细胞固定，首先将待固定的细胞从本体转移到载体表面，然后发生细胞黏附和随后的支架定植[7]。

该方法的原理是不溶于水的载体表面与固定化微生物之间的物理结合[8,9]。生成的物理相互作用包括范德华力、离子力和氢键[10]。上述力代表了较弱的分子力，阻止了固定化细胞固有结构的改变[10]。吸附具有许多优点：温和、快速、简单、廉价、有效，而且不需要化学添加剂，有可能支持再装填[8]；吸附固定化的缺点是微生物与细胞之间结合力较弱，使用过程中被吸附的细胞从载体上漏出率高[8]。为了防止微生物从基质中解吸，应该在细胞和载体之间建立强吸附，这可以通过使用合适的吸附剂来实现[6]。合适的吸附基质除了保持细胞的生理活性外，还能保护细胞免受不利因子的影响[9]。吸附固定化受不同因素的影响，如材料载体、周围环境和细胞表面。

1.1.2 共价结合

共价结合固定化被认为是细胞固定化领域中最常用的策略之一，许多共价固定化系统已经被开发和使用[11,12]。这是一种经济的固定化技术，它是基于在结合剂存在的情况下，被固定化细胞与支撑基质之间形成共价键[9]。换句话说，细胞与支撑材料官能团或细胞中的官能团共价连接。结合剂常用于固定化的例子是戊二醛（GA）[13~16]和1-乙基-(3-二甲基氨基丙基)碳酰二亚胺盐酸盐（EDC）[17~19]。与吸附不同，共价键合是一种不可逆的固定化方法（Garmroodi 等，2016）。结合或交联剂通常具有细胞毒性，导致细胞活力丧失，而固定化过程中很难防止细胞损伤，因此，共价结合法主要应用于酶的固定化，而非全细胞的固定化（Bayat 等，2015）。

共价连接的优点是，包括通过稳定活性构象提高催化活性的能力[20]，固定化酶和载体之间形成强键的能力[21]；共价结合固定化方法的主要缺点是，在大多数情况下，复杂的固定化条件会通过改变蛋白质结构导致酶活性的显著损失[22]。有学者在共价结合固定化领域进行了大量的研究。例如，二氧化硅和氧化锆粉末已用于通过共价键合固定 Candida rugosa[23,24]。此外，通过与壳聚糖共价结合，弧菌的固定化 ω-转氨酶（ω-TAs）与游离酶相比保持了更高的活性和显著的稳定性[25]。

1.1.3 凝胶包埋

凝胶包埋是一种不可逆的固定化技术，其将颗粒或细胞捕获在支撑基质中[8]，可以保护细胞免受外部攻击[26]。凝胶包埋技术广泛应用于细胞固定化领域，并具有多种优点，包括为反应过程提供廉价和温和的条件；但是在交联阶段，生物量被截住会导致微生物屈从于低于冰点的温度，从而影响细胞的生存能力[27]；此外，细胞被截住还会限制底物的可及性，减少电子传递[26]。不同的天然和合成聚合物被用作生物质包埋固定化的载体，如海藻酸盐、琼脂、琼脂糖、卡帕-卡拉胶、聚丙烯酰胺、纤维素、多硫化物、(PVA)、聚丙烯酰胺和羧甲基纤维素钠盐[28~32]。通常，用于固定化的聚合基质具有多孔结构，这使得污染物和代谢产物很容易扩散到基质中[8]。研究发现，在 PVA 和纤维素材料中封存生物质是有效的，其提供了优越的生物吸附特性和增强的机械强度，从而使废水中的重金属具有较高的去除率[33]。

1.1.4 凝胶封装

凝胶封装是凝胶包埋的一种特殊情况，即将生物催化剂（细胞或酶）包封在半透膜中，而允许固定化的细胞在核心空间内自由浮动。包埋被认为是一种物理化学或机械过程，其将被包埋的物质（称为核心材料）包裹在壳或涂层中，产生直径为几毫米的胶囊[34]。膜的半渗透性允许自由基质和营养物质的流动，同时通过膜壁限制生物催化剂的流动。这种方法限制了进入胶囊内部的通道，从而保护生物催化剂不受环境条件的影响，并防止生物催化剂泄漏。该技术的主要优点是不需要对核心材料进行化学修饰，这意味着固定化微生物的活性可以保持完整[35]。

固定化方法的选择取决于多个因素，如生物量保留率、底物传质速率、材料稳定性、固定化过程、材料成本等，目前已被广泛应用于不同的环境领域。通过防止水力冲刷和维持系统内的生物量可以提高微生物的生长速率，因此，生物量在系统中的长期保留是固定化技术成功应用的必要条件，可以通过固定化不同的微生物来实现对废水的生物处理。此外，纳米金属氧化物的合成和固定化是一种很好的自然交联方法。该方法具有生物量高、毒性中等、机械稳定性好、传质性能好、应用方法简单等优点，有利于固定化材料处理效率的提升。

1.2 固定化材料

1.2.1 材料种类

天然和人工合成聚合物凝胶已被用作固定化细胞的聚合物。琼脂、琼脂糖、纤维素、海藻酸钠、胶原蛋白、壳聚糖和卡拉胶属于天然聚合物，聚丙烯酰胺（PAM）、聚苯乙烯、聚乙烯醇（PVA）、聚碳酸酯（PCS）、聚乙二醇（PEG）、聚丙烯、聚乙烯、聚氯乙烯、聚氨酯、聚丙烯腈、水溶性聚氨酯（WPU）属于合成聚合物。天然聚合物如海藻酸钠和卡拉胶具有较高的扩散率或传质能力，比人工聚合物便宜，但天然聚合物载体的主要限制是在水溶液中的溶解性和污染物降解效率比较低，这就使得实际处理过程中更倾向于使用人工合成聚合物凝胶。

以常用的聚乙烯醇凝胶材料为例，研究探讨了它的同步除碳脱氮效果，例如 Ho 等人[36]固定化了硝化和反硝化细菌，Al-Zuhair 和 El-Naas[27]固定了恶臭假单胞菌。Lee 和 Cho[37]用海藻酸钙将 14 种微生物固定在改性聚乙烯醇凝胶小球中，该工艺在好氧与缺氧交替条件下能够稳定地去除 93% 的化学需氧量和 73% 的总氮。Chou 等人[38]利用类似的合成方法固定硝化细菌来进行部分硝化。在各种氨浓度下，固定化细胞可快速启动并提供稳定而有效的部分硝化作用，几乎所有的氨都转化为亚硝酸盐。荧光原位杂交分析表明，氨氧化细菌占生物膜中微生物总数的 96%，因此，所有的氨都被生物降解为亚硝酸盐。但是 Zheng 等人[39]在相同的复合物中添加环糊精后，其脱氮效率比 Chou 等人[38]低 85.4%。试验表明，环糊精增加了凝胶小球的孔隙结构，从而影响了工艺性能。高通量测序表明，具有较低的总氮去除率的关键因素是凝胶截留了另一种称为 Comamonadaceae 的细胞而引起的。

被固定细胞成活效率高低的影响因素是一个重要的研究课题。如果被固定的生物膜是主要原因，那么必须对营养物质如碳源等进行微生物活性方面的充分研究。而且，如果孔隙率是主要原因，则必须像 Krasňan 等人[40]那样优化聚乙烯载体的制备，并在小试研究中进行充分的验证。

Miyake-Nakayama 等人[41]指出，底物的积累可能会降低其活性，延长启动时间对于构建致密的细胞群落是必不可少的，而在启动过程中添加营养不会影响固定化的细胞。总之，致密细胞群落构建的主要标准是载体具有优良的性能，并且自由活动细胞数量处于比较低的水平。Su 等人[42]合成 Fe_3O_4/聚乙烯醇载体以增强反硝化作用，并用来去除 Mn^{2+} 和 Cd^{2+}。形态分析证实该生物载体具有粗糙的表面和发达的多孔结构。在反应器运行过程中，达到了100%的反硝化效率；同时在水力停留时间为 10h 的条件下，Cd^{2+} 和 Mn^{2+} 的去除效率分别为 96.19% 和 91.16%。

包埋的微生物种类会影响污染物的降解，研究发现一旦聚乙烯醇降解物在诸如真菌镰刀菌（*Fusarium lini*）、产碱杆菌（*Alcaligenes sp.*）、粪产碱杆菌（*Alcaligenes faecalis*）、芽孢杆菌（*Bacillus sp.*）、巨大芽孢杆菌（*Bacillus megaterium*）、假单胞菌（*Pseudomonas sp.*）、*Sphingopyxis sp. PVA3*、水疱假单胞菌等中，凝胶载体就能具有长期稳定的污染物降解效果[43]。

1.2.2 材料特性

细胞包埋是通过将有活性的细胞混合在水溶性聚合物中，然后进行聚合或交联制备得到。载体选择对于固定化技术的实际应用非常重要。由于制备后的载体需要保证所固定细胞的活性，因此聚合物凝胶的溶解性、生物降解性、毒性、稳定性、扩散性、细胞在载体中的稳定生长等特性对选择合适的聚合物凝胶具有重要指导作用。

1.2.2.1 溶解度

天然凝胶在生活污水中几天内可溶解，这可能是由于磷酸盐等螯合物的作用，加入一些 Ca^{2+}、Na^+、K^+ 等反离子可以延长凝胶的使用时间。合成聚合物如 PCS、PVA 和 PEG 不溶于生活污水，但 PAM 会缓慢溶解，例如可能 70 天溶解 12% 的质量，但 WPU 比较稳定，目前还没有关于 WPU 溶解度的报道。

1.2.2.2 生物可降解性

由于实际污水系统中存在不同类型的微生物，因此聚合物凝胶应该是不可生物降解的。有研究报道了微生物降解天然高分子凝胶的研究进展，某些合成聚合物如 PVA、PEG 和 WPU 等已经被广泛应用于厌氧氨氧化废水处理技术，由于其长期的耐用性，目前还没有关于载体材料被生物降解的报道。

1.2.2.3 稳定性

在物理稳定性方面，合成聚合物的三维结构保证了它的机械稳定性，而且体积更小，从而减少了膨胀。有研究显示合成的聚合物机械稳定性通过了压缩试验（室温条件下 2000N 的力量以 3×10^{-5} m/s 的恒定速度压缩凝胶材料）和拉伸试验（室温下以 2.1×10^{-5} m/s 的恒速牵拉伸凝胶材料）的测试[44]。最近，有研究将 30 种固定化凝胶与 400mL 去离子水的混合物以 (500~600)r/min 的转速进行磁力搅拌 24~48h，之后计算完整固定化凝胶与原始固定化凝胶数量之比，来确定材料的机械稳定性。结果显示，所有天然凝胶的机械稳定性均因敏感磨损而降低，而合成凝胶的稳定性相对较好，机械强度大小顺序为 WPU>PEG>PVA>PVA-SA>Na-CMC。另外，在化学稳定性方面，由于固定化过程需要将材料浸泡在酸、碱、盐溶液中，因此 CMC、Na-CMC、PVA 等合成聚合物凝胶在化学溶液中不稳定，而虽然 WPU、PEG、PVA、PVA-SA 的机械稳定性较好，但它们的化学稳定性尚未有详细的研究。

1.2.2.4 微生物扩散与生长

固定化技术能够让微生物负载在聚合物中，同时基质通过孔隙扩散有助于微生物在聚合物载体中的长期稳定生长。聚合物凝胶的扩散性能取决于聚合物的类型、聚合物的密度和孔径。固定化微生物的扩散系数可以用特定的微电极直接测量得到，研究发现所有天然聚合物凝胶都比合成凝胶具有更高的扩散系数。相关报道显示，PVA-SA 和 WPU 凝胶材料具有良好的扩散性能，比颗粒污泥的扩散性能高出 3 倍。而其他合成聚合物如 PEG、Na-CMC 和 PCS 的扩散系数还没有相关报道。

天然聚合物凝胶无毒，已经有非常多的将其用于固定化技术的研究。而合成聚合物凝胶能够将微生物长期稳定的保留住，但凝胶的制备方法在一定程度上降低了固定化细胞的活性。文献报道表明，合成聚合物凝胶中厌氧氨氧化菌的活性顺序为：CMC>PVA-SA>PVA。同时微生物的生长也受到初始微生物接种量的影响。以厌氧氨氧化菌的固定化为例，Dong 等人[45]提出了厌氧氨氧化菌的最佳接种浓度为每毫升 1.3 个固定细胞的固定培养基。

由于凝胶材料中常常存在混合生物之间的竞争、捕食等问题，因此保持良好的培养条件，如 pH 值、基质利用率和温度等有助于特定功能微生物的生长。例如实时定量聚合酶链反应（qPCR）和荧光原位杂交（FISH）技术有助于识别凝胶载体中的厌氧氨氧化菌。Isaka 等人[46]证实了凝胶载体（PVA-SA、PEG、WPU 等合成凝胶）核心内存在和生长厌氧氨氧化菌，并且描述了厌氧氨氧化微生物与其他细菌物种和周围环境的相互作用。

1.2.2.5 变形和溶胀

溶胀是由于聚合物载体吸收了水分，聚合物链拉长，导致凝胶强度损失。天然聚合物凝胶容易降解，而合成凝胶则存在溶胀的问题。通常用膨胀系数来定量描述溶胀这一过程，即处理 72h 后固定化凝胶的平均直径（20 个固定化凝胶在 400mL 去离子水中缓慢摇晃）与原始固定化凝胶平均直径的比值。研究发现不同凝胶材料的溶胀性能不一样，聚合凝胶的溶胀系数顺序为WPU>PEG>PVA>CMC[47]。

1.2.2.6 固定化条件及成本

天然聚合物凝胶的固定化过程对微生物毒性小，而且凝胶价格较低，有助于固定化细胞的生长，但合成聚合物凝胶的固定化条件对微生物毒性较大，限制了细胞的生长，目前只有一种 Na-CMC 的凝胶材料成本已经被报道，其他合成聚合物凝胶的成本还未见报道。

天然高分子载体如海藻酸盐无毒、价廉、使用简单，但很容易被生物降解。这一局限性导致了具有良好机械稳定性的合成聚合物凝胶的应用更加广泛。为了将固定化技术应用于废水处理，聚合物载体材料必须具备不溶性的、不可生物降解的、无毒、无污染、价格便宜等特点。

一些合成凝胶，如 WPU 和 PEG 具有良好的机械稳定性，但化学稳定性未知，并且底物转移能力比 PVA-SA 的小。因此，必须对合成凝胶进行更多的研究，使其在实际应用中更加稳定。

1.3 固定化技术在不同污水处理领域的应用

1.3.1 难降解有机废水的处理

难降解有机化合物是生物处理技术的一个难点，其生化需氧量与化学需氧比值较低（BOD∶COD）。难降解有机化合物，如苯酚、氰化物和苯胺，不能通过传统的生物废水处理有效降解[48]。这是由于微生物生长所需的时间很长,它们也很难存在于生物反应器中。相对于传统的游离微生物细胞,固定化微生物细胞可以增强对此类化合物的生物处理能力,主要原因是固定化技术通过将微生物固定在载体上提供了更高浓度的微生物。

El-Naas 等人[49]证明,在聚乙烯醇凝胶小球中固定的恶臭假单胞菌可以在很长一段时间内高效降解苯酚。结果表明,生物质降解苯酚的能力与 PVA 的质量含量和孔结构有关。Banerjee 和 Ghoshal[50]报道了在海藻酸钙中固定了苯酚降解菌中的蜡样芽孢杆菌后,对石油废水中酚类化合物的生物降解效果显著提高,可使出水 COD 和酚类化合物浓度降低 95%。在另一项研究中[51],芽孢杆菌细胞被固定到两种不同的基质中,包括 PVA-SA 和 PVA-GG。试验表明,PVA-SA 固定化细胞和 PVA-GG 固定化细胞分别在培养 270min 和 300min 后即可完全去除苯酚。Liu 等人[52]将菌株 XA05 和 FG03 固定在聚乙烯醇凝胶基质中,采用固定化细胞和游离悬浮细胞降解苯酚,初始浓度为 800mg/L,在 35h 内,固定化细胞和游离悬浮细胞对苯酚的去除率均达 95%以上,但固定化细胞的降解效率要高于游离悬浮细胞。

由于苯酚在环境中广泛存在,大多数研究者都对其降解进行了研究。特别是恶臭假单胞菌,由于它利用苯酚作为碳和能源的唯一来源,因此是使用最广泛的苯酚降解微生物。

1.3.2 含重金属废水的处理

大多数类型的工业废水都含有大量的有毒金属离子,如镉、汞、铅和铜[53],它们会产生自由基,导致严重的生物健康问题[54]。因此,重金属废水的处理已成为一个关键问题。目前已经开发了几种用于从废水中去除金属的吸附剂,但通常是通过增加其表面积来提高吸附效率[55],缺少微生物的作用。固定化提高了微生物的稳定性,内部的微生物细胞对外部环境恶劣条件具有较好的抵抗力。在用于生物修复的所有类型的微生物中,微藻具有很高的去除重金属的能力[56]。Kadimpati 等人[57]通过将微藻固定到海藻酸钠凝胶中,用于从水溶液中吸附 Cr^{3+}。结果表明,在 2h 和 4.5h 内 Cr^{3+} 去除率分别为 75%和 90%,说明微藻是一种去除 Cr 的潜在生物吸附剂,干藻生物量对 Cr^{3+} 的最大吸附能力为 335.27mg/g。

Ozer 等人[58,59]在海藻酸钠和海藻酸钠凝胶珠中包埋短棘盘星藻细胞,利用固定化材料对水溶液中的 Cr^{6+} 进行生物吸附。研究表明,在初始 Cr^{6+} 浓度为 400mg/L 时，游离藻细胞、海藻酸钠、海藻酸钠凝胶、海藻酸钠细胞和海藻酸钠凝胶细胞对 Cr^{6+} 的最大吸附量分别为 17.3mg/g、6.73mg/g、14.0mg/g、23.8mg/g 和 29.6mg/g。此外，在 90min 内达到平衡，Cr^{6+} 的含量降低到 90%。

Erkaya 等人[30]比较了游离和固定化莱茵衣藻，在羧甲基纤维素（CMC）微珠中对水溶液中铀的生物吸附能力。结果表明，游离细胞和包埋细胞的吸附量分别为 196.8mg/g 和 337.2mg/g。研究结果表明，藻类固定化 CMC 微珠是一种很有前途的去除废水中铀离子的系统。

在另一项研究中，研究者利用海藻酸钠聚合物包埋了真菌和桔青霉。制备的凝胶小球用于去除水溶液中的 Cu^{2+}。与游离的桔青霉相比，固定化和游离生物质对 Cu^{2+} 的去除率分别为 84.5% 和 82.4%，吸附能力分别为 3.38mg/g 和 3.30mg/g。固定化微生物细胞对 Cu^{2+} 表现出很高的亲和力[32]。

1.3.3 废水中氮和磷的处理

当含有氮磷的废水流入湖泊和河流时，营养物（NH_4^+、NO_3^-、PO_4^{3-}）会导致天然水体的富营养化[60,61]。因此，在将废水排入水体之前，必须将这些营养物质去除。目前已经开发了许多技术来去除氮、磷，如膜过程、离子交换、生物处理、吸附、电处理和化学沉淀[62]。从生物处理的角度出发，固定化细胞技术在这些物质降解过程中具有较高的效率。

一般来说，微藻能够将废水中的营养物质转化为生物量和生物产品，从而改善废水处理过程[63]。Megharaj 等人[64]研究了小球藻和双柱藻对氨氮的去除效果。将微藻细胞包埋在海藻酸钙小球中，结果显示，在培养 24h 后，含有 10^5 个细胞的凝胶小球能够去除 50%~57% 的 NH_4^+-N，而含有 10^8 个细胞珠的小球可以去除 71%~79% 的 NH_4^+-N。Dong 等人[65]研究了海藻酸钠固定化厌氧氨氧化菌对氨氮的去除，氨氮去除率达到 89.51%，且固定化细胞在保存、循环利用和生物降解性方面都具备一定的优势。Kumar 和 Saramma[66]进行了一项利用游离和固定化 *G. gelatinosa* 藻去除硝酸盐的试验，固定化基质为海藻酸钙。固定化细胞对硝酸盐的吸附率为 93%，不含藻细胞的海藻酸钙凝胶小球和纯的 *G. gelatinosa* 藻对硝酸盐的去除率分别为 46% 和 70%。此外，固定化藻类细胞对磷酸盐的去除率约为 80%。研究表明，*G. gelatinosa* 藻是一种很有前途的废水营养物去除的生物制剂，效果显著。

Jaysudha 和 Sampathkumar[67]进行了另一项研究，以考察使用游离和固定化的小球藻去除磷酸盐、硝酸盐和氨的效果，固定化材料为海藻酸钠。结果表明，固定化细胞对磷酸盐的吸收率为99.39%，无藻凝胶小球和游离藻细胞对磷酸盐的去除率分别为37.41%和81.94%。固定化细胞、游离藻细胞和无藻凝胶小球对硝酸盐的去除率分别为98.72%、65.83%和43.71%。固定化细胞对氨氮的吸收率为98.54%，游离藻细胞和无藻凝胶小球对氨氮的吸收率分别为62.04%和24.94%。因此，固定化小球藻是一种很有前途的废水生物脱氮生物制剂。

1.3.4 工业染料的脱色

染料广泛用于食品、制药、纺织、印刷、皮革和化妆品等不同行业，这种生产过程会排出具有颜色的废水，影响气体在水体中的溶解度和水的透明度。在将这些废水排入天然水体之前，去除染料是至关重要的一个过程。因此，利用微生物去除染料成为替代传统技术的一种非常有前景的方法。在众多微生物中，真菌是分解合成染料最有效的一类微生物[68]。

Ge 等人[69]研究了固定在转盘上的 *Phanerochaete sordida* 菌对纺织染料碱性蓝的脱色作用。研究了不同操作参数（转速、圆盘类型和染料浓度）对脱色效果的影响。转盘转速为40r/min，初始染料浓度为200mg/L，葡萄糖浓度为5g/L时，脱色效率达到78%。Park 等人[70]研究了固定在海藻酸小球上的白腐真菌对染料酸性黑的脱色作用。固定化培养的效率比游离培养要高，分别为98.8%和88%。Schliephake 和 Lonergan[71]使用固定在尼龙网立方体中的 *Pycnoporus cinnabarinus* 菌对合成染料 Remazol Brilliant Blue R 进行脱色。结果表明，真菌产生的漆酶能够快速完成脱色。

在另一项研究中[72]，固定在聚氨酯泡沫立方体中的 *Phanerochaete chrysosporium* 菌能够在6天内使聚合染料 R478 完成脱色。Zhang 等人[73]研究了固氮菌和游离藻类细胞对偶氮染料 Orange II 的脱色作用。结果表明，固定化细胞比游离细胞更有效率，脱色效率可达97%，并且可以重复使用2个月以上。Mohori 等人[74]利用固定在塑料网上的 *Bjerkandera adusta* 菌对活性黑5进行了脱色试验。结果表明，初始浓度为0.2g/L 的染料在20天内由深蓝色变为深黄色。Dominguez 等人[75]研究了海藻酸小球固定 *Trametes hirsute* 菌对染料酚红和靛蓝胭脂红的脱色作用，在短时间内获得了较高的脱色率，酚红脱色率为

69%，靛蓝胭脂红脱色率为96%。San等人[76]研究了固定在醋酸纤维素纳米纤维网上的三种细菌（*Pseudomonas aeruginosa*、*Aeromonas eucrenophila*和*Clavibacter michiganensis*）对亚甲蓝染料的脱色，24h内去除染料的效率接近95%；还测试了固定化材料的重用性，其能够保持45%的染料脱色能力。Suganya等人[77]固定了海藻酸钠和聚丙烯酰胺凝胶小球上的 *P. putida* 菌和 *Bacillus. Licheniformis* 菌，研究了固定化细胞使活性染料（RR195、RO72、RY17和RB36）的脱色效率。结果表明，海藻酸钠固定化细菌比聚丙烯酰胺凝胶固定化细菌具有更高的脱色率。

1.3.5 纳米材料增强固定化效果

纳米技术在污染修复、饮用水和废水处理中已变得越来越重要，在中试规模、试验室和原位水处理研究都显示了较好的应用前景。这是由于其具有一些独特的特性，如小尺寸和特殊的物理化学性质[78]；此外，纳米尺度提供了许多特性，包括优异的吸附性能、高反应性和较强的光催化作用[79]。

目前，已经有了一些将纳米技术用于固定化研究中的案例[80]。研究表明，需要开发恰当的固定方法，才能使得技术上合理且经济上可行[81]。氧化铁纳米材料证明了其在微生物固定化方面的巨大潜力，并已被用于增强固定化技术[82]。氧化铁纳米材料具有良好的生物相容性和化学惰性[83]，它能够提供较大的表面积和多个相互作用或吸附的位点[82]。最常见的氧化铁纳米材料是赤铁矿（α-Fe_2O_3）、磁铁矿（Fe_3O_4）和磁赤铁矿（γ-Fe_2O_3）。

Peng等人[84]将酿酒酵母固定在包覆有磁性纳米粒子的壳聚糖表面，研究对铜离子的去除效果。发现吸附效率在20min内达到90%以上，最大吸附量为134mg/g，表明制备的吸附剂结构可广泛应用于废水中重金属的去除。Kuo等人[17]利用Fe_3O_4壳聚糖纳米粒子共价固定四糖假丝酵母脂肪酶。室温下，脂肪酶与磁性Fe_3O_4壳聚糖纳米粒子共价结合，以N-乙基碳二亚胺（EDC）和N-羟基琥珀酰亚胺（NHS）作为偶联剂。与天然酶相比，试验表明固定化酶的重复使用性、热稳定性、酸碱度和储存稳定性均有所提高。在此，Fe_3O_4壳聚糖纳米粒子证明了其具备增强脂肪酶固定化的效率的能力。Li等人[85]开展了漆酶在磁性介孔SiO_2/Fe_3O_4空心凝胶小球上的固定化研究，用于降解水溶液中的二氯酚。试验结果表明，制备的生物催化剂具有良好的降解效率，2,4-二氯苯酚的整体去除效率和降解效率分别为81.64%和52.31%。

在另一项研究中，研究者将 Yarrowia lipolytica 和 Rhizopus oryzae 固定在含和不含磁铁矿（Fe_3O_4）的两种类型的壳聚糖和藻酸钙载体上，通过物理吸附和包埋技术实现细胞的固定化。结果表明，载体的机械阻力、稳定性和催化性能主要受磁性含量和固定方法的影响。此外，还有研究者使用磁性聚乙烯醇-Fe_3O_4 纳米粒子作为载体来固定ω-TAs，旨在降低成本、增强稳定性和增加载体的可重复使用性，固定化是通过戊二醛交联进行的。固定化的 ω-TA 在实际应用中能够成功重复使用 13 次。研究证明，聚乙烯醇-Fe_3O_4 固定化 ω-TA 具有较高的稳定性，可用于工业生产[86]。

Bahrami 等人[87]进行了一项关于果胶酶在 AOT-Fe_3O_4 纳米粒子上的固定化研究。结果表明，固定化果胶酶的最大比活力为 1.98U/mg 酶，最大酶载量为 610.5mg 酶/g 载体。此外，在 6 个循环后，固定化的蛋白质仅失去 10%~20%的活性。构建的微生物细胞/Fe_3O_4 生物复合材料获得了与游离细胞相同的生物降解能力，并且与游离细胞相比，制备的细胞/Fe_3O_4 生物复合材料具有较好的重复利用性。此外，结果还表明 Fe_3O_4 纳米粒子涂层的超顺磁性通过利用外部磁场简化了微生物细胞/Fe_3O_4 生物复合物的分离和再循环过程。该研究证明，磁性修饰微生物细胞可用于制备高效的生物复合材料以用于生物修复。

Zhou 等人[88]利用磁性 Fe_3O_4/聚氨酯泡沫（Fe_3O_4/PUF）复合材料固定 Bacillus cereus 菌进行了含甲苯废水的处理试验。与纯 PUF 载体相比，磁性 PUF 复合材料表现出更高的甲苯降解效率。磁性 Fe_3O_4/PUF 复合材料表现出中等顺磁性能和出色的热稳定性。研究表明，这种复合材料可以提高废水中 COD 的去除率，并增加被固定微生物的生物量。

综上所述，基于纳米粒子的固定化技术提供了优于常规固定化方法的两个主要优点。首先，可以通过调节反应条件方便地调节颗粒的尺寸、形态和组成；其次，无需使用有毒的表面活性剂就可以实现大规模固定化过程中颗粒的均匀分布[89]。通过第 1 章的介绍，我们发现固定化细胞系统比悬浮细胞系统具有许多优势。例如，细胞固定化可增强微生物细胞的稳定性、允许进行连续处理、简化了固液分离并增加了微生物对环境恶劣条件的抵抗力。研究者多年来进行了众多研究，确定了固定化细胞对不同类型废水污染物进行生物降解的效率，发现各种微生物都具有生物降解这些污染物的能力。为了改进细胞固定技术，目前研究的新课题是添加纳米材料，例如氧化铁纳米颗粒等，已经证明其具有提高固定细胞效率的能力。考虑到这些优点，固定化细胞技术是一个有待进一步研究的课题，未来需要重点开发新型有效且低成本的载体，提高生物质浓度并延长固定化载体的寿命。

参 考 文 献

[1] Manonmani Umapathy, Joseph Kurian. Research advances and challenges in anammox immobilization for autotrophic nitrogen removal [J]. Journal of Chemical Technology & Biotechnology, 2018, 93: 2486~2497.

[2] An Taicheng, Zhou Lincheng, Li Guiying, et al. Recent patents on immobilized microorganism technology and its engineering application in wastewater treatment [J]. Recent Patents on Engineering, 2008, 2 (1): 28~35.

[3] Górecka E, Jastrzebska M. Immobilization techniques and biopolymer carriers-a review [J]. Biotechnoly Food Science, 2011, 75: 27~34.

[4] Kennedy John F, Cabral Joaquim M S. Immobilized Living Cells and Their Applications [J]. Applied Biochemistry and Bioengineering, 1983, 4: 189~280.

[5] Song Seung Hoon, Choi Suk Soon, Park Kyungmoon, et al. Novel hybrid immobilization of microorganisms and its applications to biological denitrification [J]. Enzyme & Microbial Technology, 2005, 37 (6): 567~573.

[6] Wang F, Guo C, Liu H Z, et al. Immobilization of pycnoporus sanguineus laccase by metal affinity adsorption on magnetic chelator particles [J]. Journal of Chemical Technology and Biotechnology, 2008, 83 (1): 97~104.

[7] Kilonzo Peter, Margaritis Argyrios, Bergougnou Maurice. Effects of surface treatment and process parameters on immobilization of recombinant yeast cells by adsorption to fibrous matrices [J]. Bioresource Technology, 2011, 102 (4): 3662~3672.

[8] Bayat Zeynab, Hassanshahian Mehdi, Cappello Simone. Immobilization of microbes for bioremediation of crude oil polluted environments: A mini Review [J]. Open Microbiology Journal, 2015, 9: 48~54.

[9] Martins Suzana, Claacute Udia Silveira, Mir Claudia, et al. Immobilization of microbial cells: A promising tool for treatment of toxic pollutants in industrial wastewater [J]. African Journal of Biotechnology, 2013, 12 (28): 4412~4418.

[10] Jesionowski Teofil, Zdarta Jakub, Krajewska Barbara. Enzyme immobilization by adsorption: A review [J]. Adsorption-journal of the International Adsorption Society, 2014, 20 (801~821).

[11] Cowan D A, Fernandez-Lafuente R. Enhancing the functional properties of thermophilic enzymes by chemical modification and immobilization [J]. Enzyme and Microbial Technology, 2011, 49 (4): 326~346.

[12] Mateo C, Palomo J M, Fernandez-Lorente G, et al. Improvement of enzyme activity, stability and selectivity via immobilization techniques [J]. Enzyme and Microbial Technology, 2007, 40 (6): 1451~1463.

[13] Yigitoglu M, Temocin Z. Immobilization of Candida rugosa lipase on glutaraldehyde-activated polyester fiber and its application for hydrolysis of some vegetable oils [J]. Journal of Molecular Catalysis B Enzymatic, 2010, 66 (1~2): 130~135.

[14] Wang Hai, Huang Jun, Wang Chao, et al. Immobilization of glucose oxidase using $CoFe_2O_4/SiO_2$ nanoparticles as carrier [J]. Applied Surface Science, 2011, 257 (13): 5739~5745.

[15] Xia Tingting, Cuan Yueping, Yang Mingzhu et al. Synthesis of polyethylenimine modified Fe_3O_4 nanoparticles with immobilized Cu^{2+} for highly efficient proteins adsorption [J]. Colloids and Surfaces A: Physicochemical and Engineering Aspects, 2014, 443: 552~559.

[16] Yiğitoğlu Mustafa, Temocin Zülfikar. Immobilization of Candida rugosa lipase on glutaraldehyde-activated polyester fiber and its application for hydrolysis of some vegetable oils [J]. Journal of Molecular Catalysis B: Enzymatic, 2010, 66 (1): 130~135.

[17] Kuo Chia Hung, Liu Yung Chuan, Chang Chieh Ming J, et al. Optimum conditions for lipase immobilization on chitosan-coated Fe_3O_4 nanoparticles [J]. Carbohydrate Polymers, 2012, 87 (4): 2538~2545.

[18] Lai Bo Hung, Yeh Chun Chieh, Chen Dong Hwang. Surface modification of iron oxide nanoparticles with polyarginine as a highly positively charged magnetic nano-adsorbent for fast and effective recovery of acid proteins [J]. Process Biochemistry, 2012, 47 (5): 799~805.

[19] Sui Ying, Cui Yu, Nie Yong, et al. Surface modification of magnetite nanoparticles using gluconic acid and their application in immobilized lipase [J]. Colloids & Surfaces B Biointerfaces, 2012, 93 (none): 24~28.

[20] Abdollahi Kourosh, Yazdani Farshad, Panahi Reza. Covalent immobilization of tyrosinase onto cyanuric chloride crosslinked amine-functionalized superparamagnetic nanoparticles: Synthesis and characterization of the recyclable nanobiocatalyst [J]. International Journal of Biological Macromolecules, 2017, 94: 396~405.

[21] Hashem Amal M, Gamal Amira A, Hassan Mohamed E, et al. Covalent immobilization of enterococcus faecalis esawy dextransucrase and dextran synthesis [J]. International Journal

of Biological Macromolecules, 2015: 905.

[22] Garmroodi Maryam, Mohammadi Mehdi, Ramazani Ali, et al. Covalent binding of hyper-activated Rhizomucor miehei lipase (RML) on hetero-functionalized siliceous supports [J]. International Journal of Biological Macromolecules, 2016, 86: 208~215.

[23] Dandavate Vrushali, Keharia Hareshkumar, Madamwar Datta. Ethyl isovalerate synthesis using Candida rugosa lipase immobilized on silica nanoparticles prepared in nonionic reverse micelles [J]. Process Biochemistry, 2009, 44 (3): 349~352.

[24] Mendes Adriano A, Barbosa Bruno C M, Silva Maria L C P Da, et al. Morphological, biochemical and kinetic properties of lipase from Candida rugosa immobilized in zirconium phosphate [J]. Biocatalysis & Biotransformation, 2007, 25 (5): 393~400.

[25] Yi Song Se, Lee Chang Won, Kim Juhan, et al. Covalent immobilization of ω-transaminase from Vibrio fluvialis JS17 on chitosan beads [J]. Process Biochemistry, 2007, 42 (5): 895~898.

[26] Yoetz-Kopelman Tal, Dror Yael, Shacham-Diamand Yosi, et al. "Cells-on-Beads": A novel immobilization approach for the construction of whole-cell amperometric biosensors [J]. Sensors & Actuators B Chemical, 2016, 232 (sep.): 758~764.

[27] Al-Zuhair Sulaiman, El-Naas Muftah. Immobilization of Pseudomonas putida in PVA gel particles for the biodegradation of phenol at high concentrations [J]. Biochemical Engineering Journal, 2011, 56 (1~2): 46~50.

[28] Bai Xue, Yang Bei, Gu Haixin, et al. Design of multi-N-functional magnetic PVA microspheres for the rapid removal of heavy metal ions with different valence [J]. Desalination & Water Treatment, 2015, 56 (7): 1809~1819.

[29] El-Naas Muftah H, Alhaija Manal A, Al-Zuhair Sulaiman. Evaluation of an activated carbon packed bed for the adsorption of phenols from petroleum refinery wastewater [J]. Environmental Science and Pollution Research, 2017, 24 (8): 7511~7520.

[30] Erkaya Ilkay Acıkgoz, Arica Yakup M, Akbulut Aydın N, et al. Biosorption of uranium (VI) by free and entrapped Chlamydomonas reinhardtii: kinetic, equilibrium and thermodynamic studies [J]. Journal of Radioanalytical & Nuclear Chemistry, 2014, 299 (3): 1993~2003.

[31] Ullah Ihsan, Nadeem Raziya, Iqbal Munawar, et al. Biosorption of chromium onto native and immobilized sugarcane bagasse waste biomass [J]. Ecological Engineering, 2013, 60: 99~107.

[32] Verma Anamika, Shalu, Singh Anita, et al. Biosorption of Cu(II) using free and immobilized biomass of Penicillium citrinum [J]. Ecological Engineering, 2013, 61 (1): 486~490.

[33] Asgher Mahwish, Bhatti Haq Nawaz. Mechanistic and kinetic evaluation of biosorption of reactive azo dyes by free, immobilized and chemically treated Citrus sinensis waste biomass [J]. Ecological Engineering, 2010, 36 (12): 1660~1665.

[34] Krishnamoorthi S, Banerjee Aditya, Roychoudhury Aryadeep. Immobilized enzyme technology: Potentiality and prospects [J]. J Enzymol Metab, 2015, 1.

[35] Burgain J, Gaiani C, Under M, et al. Encapsulation of probiotic living cells: From laboratory scale to industrial applications [J]. Journal of Food Engineering, 2011, 104 (4): 467~483.

[36] Ho C M, Tseng S K, Chang Y J. Simultaneous nitrification and denitrification using an autotrophic membrane-immobilized biofilm reactor [J]. Letters in Applied Microbiology, 2010, 35 (6): 481~485.

[37] Lee Jintae, Cho Moo Hwan. Removal of nitrogen in wastewater by polyvinyl alcohol (PVA)-immobilization of effective microorganisms [J]. Korean Journal of Chemical Engineering, 2010, 27 (1): 193~197.

[38] Chou Wen Po, Tseng Szu Kung, Ho Chun Ming, et al. Highly efficient partial nitrification by polyvinyl alcohol - alginate immobilized cells [J]. Journal of the Chinese Institute of Engineers, 2012, 35 (6): 793~801.

[39] Zheng Mingxia, Schideman Lance C, Tommaso Giovana, et al. Anaerobic digestion of wastewater generated from the hydrothermal liquefaction of Spirulina: Toxicity assessment and minimization [J]. Energy Conversion & Management, 2016, 141 (JUN.): 420~428.

[40] Krasňan Vladimír, Stloukal Radek, Rosenberg Michal, et al. Immobilization of cells and enzymes to LentiKats [J]. Applied Microbiology & Biotechnology, 2016, 100 (6): 2535~2553.

[41] Miyake-Nakayama Chizuko, Ikatsu Hisayoshi, Kashihara Minoru, et al. Biodegradation of dichloromethane by the polyvinyl alcohol-immobilized methylotrophic bacterium Ralstonia metallidurans PD11 [J]. Applied Microbiology & Biotechnology, 2006, 70 (5): 625~630.

[42] Su Junfeng, Bai Hanyi, Huang Tinglin, et al. Multifunctional modified polyvinyl alcohol: A powerful biomaterial for enhancing bioreactor performance in nitrate, Mn(II) and Cd(II) removal [J]. Water Research, 2020, 168: 115~152.

[43] Rauch Bernd Jürgen. Choosing a suitable biofilm carrier media [J]. Filtration Separation, 2014, 51 (5): 32~34.

[44] Leenen Emily J T M, Santos Vítor A P Dos, Grolle Katja C F, et al. Characteristics of and selection criteria for support materials for cell immobilization in wastewater treatment [J].

Water Research, 1996, 30 (12): 2985~2996.

[45] Dong Yuwei, Zhang Yanqiu, Tu Baojun. Immobilization of ammonia-oxidizing bacteria by polyvinyl alcohol and sodium alginate [J]. Brazilian Journal of Microbiology, 2017: 515.

[46] Isaka Kazuichi, Date Yasuhiro, Sumino Tatsuo, et al. Ammonium removal performance of anaerobic ammonium-oxidizing bacteria immobilized in polyethylene glycol gel carrier: Anammox bacteria immobilized in gel carrier [J]. Applied Microbiology & Biotechnology, 2007, 76 (6): 1457~1465.

[47] Chen Guanghui, Li Jun, Deng Hailiang, et al. Study on Anaerobic Ammoniumoxidation (ANAMMOX) Sludge Immobilized in Different Gel Carriers and Its Nitrogen Removal Performance [J]. Journal of Residuals Science & Technology, 2015, 12: S47~S54.

[48] Naddeo Vincenzo, Cesaro Alessandra. Wastewater Treatment by Combination of Advanced Oxidation Processes and Conventional Biological Systems [J]. Journal of Bioremediation and Biodegradation, 2013, 4(8).

[49] El-Naas Muftah H, Mourad Abdel Hamid I, Surkatti Riham. Evaluation of the characteristics of polyvinyl alcohol (PVA) as matrices for the immobilization of Pseudomonas putida [J]. International Biodeterioration & Biodegradation, 2013, 85: 413~420.

[50] Banerjee Aditi, Ghoshal Aloke K. Biodegradation of real petroleum wastewater by immobilized hyper phenol-tolerant strains of Bacillus cereus in a fluidized bed bioreactor [J]. Biotech, 2016, 6 (2): 137.

[51] Khudhair Zainab Z, Ismail Haneen A. Recycling of immobilized cells for aerobic biodegradation of phenol in a fliudized bed bioreactor [C]//Proceedings of the 19th World Multi-Conference on Systematics, Cybernetics and Informatics, F, 2015.

[52] Liu B Y J A, Zhang A A N, Wang A X C. Biodegradation of phenol by using free and immobilized cells of Acinetobacter sp. XA05 and Sphingomonas sp. FG03 [J]. Journal of Environmental Science & Health Part A Toxic/hazardous Substances & Environmental Engineering, 2009, 44 (2~3): 187~192.

[53] Jencarova J, Luptakova A. The elimination of heavy metal ions from waters by biogenic iron sulphides [J]. Chemical Engineering Transactions, 2012, 28: 205~210.

[54] Gumpu Manju Bhargavi, Sethuraman Swaminathan, Krishnan Uma Maheswari, et al. A review on detection of heavy metal ions in water-An electrochemical approach [J]. Sensors & Actuators B Chemical, 2015, 213: 515~533.

[55] Ahmed Y M, Al-Mamun A, Al Khatib M F R, et al. Efficient lead sorption from wastewater by carbon nanofibers [J]. Environmental Chemistry Letters, 2015, 13 (3): 341~346.

[56] Abdel-Raouf N, Al-Homaidan A A, Ibraheem I B M. Microalgae and wastewater treatment

[J]. Saudi Journal of Biological Sciences, 2012, 19 (3).

[57] Kadimpati Kishore Kumar, Mondithoka Krishna Prasad, Bheemaraju Sarada, et al. Entrapment of marine microalga, Isochrysis galbana, for biosorption of Cr(Ⅲ) from aqueous solution: Lsotherms and spectroscopic characterization [J]. Applied Water Science, 2013.

[58] Ozer T Baykal, Erkaya I Acıkgoz, Udoh Abel U, et al. Biosorption of Cr(Ⅵ) by free and immobilized pediastrum boryanum biomass: Equilibrium, kinetic, and thermodynamic studies [J]. Environmental Science & Pollution Research International, 2011, 19 (7): 2983~2993.

[59] Ozer T B, Erkaya I A, Udoh A U, et al. Biosorption of Cr(Ⅵ) by free and immobilized Pediastrum boryanum biomass: equilibrium, kinetic, and thermodynamic studies [J]. Environmental Science & Pollution Research, 2012.

[60] Sara Rasoul-Amini A B C, Nima Montazeri-Najafabady A, Saeedeh Shaker B, et al. Removal of nitrogen and phosphorus from wastewater using microalgae free cells in bath culture system [J]. Biocatalysis & Agricultural Biotechnology, 2014, 3 (2): 126~131.

[61] Tang C J, Duan C S, Yu C, et al. Removal of nitrogen from wastewaters by anaerobic ammonium oxidation (ANAMMOX) using granules in upflow reactors [J]. Environmental Chemistry Letters, 2017, 15 (2): 311~328.

[62] Prashantha Kumar T K M, Mandlimath Trivene R, Sangeetha P, et al. Nanoscale materials as sorbents for nitrate and phosphate removal from water [J]. Environmental Chemistry Letters, 2017.

[63] Delgadillo-Mirquez Liliana, Lopes Filipa, Taidi Behnam, et al. Nitrogen and phosphate removal from wastewater with a mixed microalgae and bacteria culture [J]. Biotechnology Reports, 2016, 11 (C): 18~26.

[64] Megharaj M, Pearson H W, Venkateswarlu K. Removal of nitrogen and phosphorus by immobilized cells of chlorella vulgaris and scenedesmus bijugatus isolated from soil [J]. Enzyme & Microbial Technology, 1992, 14 (8): 656~658.

[65] Dong Yuwei, Zhang Yanqiu, Tu Baojun, et al. Immobilization of ammonia-oxidizing bacteria by calcium alginate [J]. Ecological Engineering, 2014, 73: 809~814.

[66] Yogesh Kumar A K, Vinuth Raj B T N, Archana A S, et al. SnO_2 nanoparticles as effective adsorbents for the removal of cadmium and lead from aqueous solution: Adsorption mechanism and kinetic studies [J]. Journal of Water Process Engineering, 2016, 13: 44~52.

[67] Sampathkumar S, Jaysudha P. Nutrient removal from tannery effluent by free and immobilized cells of marine microalgae chlorella salina. [J]. Int J Environ Biol, 2014 (4): 21~

26.

[68] Rodríguez Couto S. Dye removal by immobilised fungi [J]. Biotechnology Advances, 2009, 27 (3): 227~235.

[69] Yang Ge, Liu Yan, Kong Qinge. Effect of environment factors on dye decolorization by P. sordida ATCC90872 in a aerated reactor [J]. Process Biochemistry, 2004, 39 (11): 1401~1405.

[70] Park Chulhwan, Lee Byunghwan, Han Eun Jung, et al. Decolorization of acid black 52 by fungal immobilization [J]. Enzyme & Microbial Technology, 2006, 39 (3): 371~374.

[71] Schliephake Kirsten, Lonergan Greg T. Laccase variation during dye decolourisation in a 200L packed-bed bioreactor [J]. Biotechnology Letters, 1996, 18 (8): 881~886.

[72] Couto S Rodríguez, Rivela I, MunOz M R, et al. Ligninolytic enzyme production and the ability of decolourisation of Poly R-478 in packed-bed bioreactors by Phanerochaete chrysosporium [J]. Bioprocess Engineering, 2000, 23 (3): 287~293.

[73] Zhang Fuming, Knapp Jeremy S, Tapley Kelvin N. Development of bioreactor systems for decolorization of Orange II using white rot fungus [J]. Enzyme & Microbial Technology, 1999, 24 (1~2): 48~53.

[74] Mohori M, Friedrich J, Pavko A. Decoloration of the diazo dye Reactive Black 5 by immobilised Bjerkandera adusta in a stirred tank bioreactor [J]. Acta Chimica Slovenica, 2004, 51 (4): 619~628.

[75] Dominguez Alberto, Couto Susana Rodríguez, Sanromán M Ngeles. Dye decolorization by Trametes hirsuta immobilized into alginate beads [J]. World Journal of Microbiology & Biotechnology, 2005, 21 (4): 405~409.

[76] San Nalan Oya, Celebioglu Asl?, Tümta? Yasin, et al. Reusable bacteria immobilized electrospun nanofibrous webs for decolorization of methylene blue dye in wastewater treatment [J]. Rsc Advances, 2014, 4 (61): 32249~32255.

[77] Suganya K, Revathi K. Decolorization of reactive dyes by immobilized bacterial cells from textile effluents [J]. International Journal of Current Microbiology & Applied Sciences, 2016, 5 (1): 528~532.

[78] Dasgupta Nandita, Ranjan Shivendu, Ramalingam Chidambaram. Applications of nanotechnology in agriculture and water quality management [J]. Environmental Chemistry Letters, 2017.

[79] Lavanya Madhura, Shalini Singh, Suvardhan Kanchi, et al. Nanotechnology-based water quality management for wastewater treatment [J]. Environmental Chemistry Letters, 2018: 1~57.

[80] Iram Mahmood, Guo Rnchen, Guan Rnyueping, et al. Adsorption and magnetic removal of neutral red dye from aqueous solution using Fe_3O_4 hollow nanospheres [J]. Journal of Hazardous Materials, 2010, 181 (1~3): 1039~1050.

[81] Oller I, Malato S, Sánchez-Pérez J A. Combination of Advanced Oxidation Processes and biological treatments for wastewater decontamination—A review [J]. Energy Environmental Protection, 2012, 409 (20): 4141~4166.

[82] Paljevac Muzafera, Primoi Mateja, Habulin Maja, et al. Hydrolysis of carboxymethyl cellulose catalyzed by cellulase immobilized on silica gels at low and high pressures [J]. Journal of Supercritical Fluids, 2007, 43 (1): 74~80.

[83] Sulek F, Drofenik M, Habulin M, et al. Surface functionalization of silica-coated magnetic nanoparticles for covalent attachment of cholesterol oxidase [J]. Journal of Magnetism and Magnetic Materials, 2010, 322 (2): 179~185.

[84] Peng Qingqing, Liu Yunguo, Zeng Guangming, et al. Biosorption of copper(II) by immobilizing saccharomyces cerevisiae on the surface of chitosan-coated magnetic nanoparticles from aqueous solution [J]. Journal of Hazardous Materials, 2010, 177 (1~3): 676~682.

[85] Li Q Y, Wang P Y, Zhou Y L, et al. A magnetic mesoporous SiO_2/Fe_3O_4 hollow microsphere with a novel network-like composite shell: Synthesis and application on laccase immobilization [J]. Journal of Sol-Gel Science and Technology, 2016, 78 (3): 523~530.

[86] Jia Honghua, Huang Fan, Gao Zhen, et al. Immobilization of ω-transaminase by magnetic PVA-Fe_3O_4 nanoparticles [J]. Biotechnology Reports, 2016, 10 (C): 49~55.

[87] Bahrami Atieh, Hejazi Parisa. Electrostatic immobilization of pectinase on negatively charged AOT-Fe_3O_4 nanoparticles [J]. Journal of Molecular Catalysis B Enzymatic, 2013, 93: 1~7.

[88] Zhou Lincheng, Li Guiying, An Taicheng, et al. Synthesis and characterization of novel magnetic Fe_3O_4/polyurethane foam composite applied to the carrier of immobilized microorganisms for wastewater treatment [J]. Research on Chemical Intermediates, 2010, 36 (3): 277~288.

[89] Xu Jiakun, Sun Jingjing, Wang Yuejun, et al. Application of iron magnetic nanoparticles in protein immobilization [J]. Molecules, 2014, 19 (8): 11465~11486.

2 凝胶小球在脱氮方面的应用

2.1 引言

人类活动向全球环境中释放出了过多的氮,对水环境造成了负面影响,如富营养化现象,因此,迫切需要消除水生环境中过多的氮,以恢复全球氮平衡。与其他技术相比,生物技术在控制氮污染方面非常有效[1]。尽管传统的 A^2/O 工艺具有能耗大和反应器所需体积较大的缺点但它仍然是使用最广泛的脱氮工艺之一[2]。不过近年来,同步硝化和反硝化备受关注,其可通过传统的活性污泥和生物膜方法在不同的生物反应器中实现这一过程[3,4]。

据报道,固定化技术能够有效地增强同步硝化和反硝化作用[5,6]。作为一种固定化技术,包埋技术是通过使目标微生物与包埋剂交联来制备凝胶载体。它具有细胞密度高、细胞保留时间长及固液易分离的优点[7,8]。目前,固定化技术在单级脱氮过程中受到越来越多的关注。Duan 等人[9]将硝化细菌和厌氧氨氧化菌固定在 15%PVA 和 2%SA 凝胶溶液中制备凝胶小球,运行 362 天后,总氮去除率保持在 85% 以上,最高脱氮负荷率为 $1.85 kgN/(m^3 \cdot d)$。但是,凝胶小球的稳定性和较好的亲水性是目前这种技术面临的挑战。例如,Hu 等人[10]固定的 *Micrococcus sp.* 可以降解邻苯二甲酸酯,但是试验进行 30 天后,20% 的固定颗粒发生了膨胀。因为 PVA 和 SA 都是直链聚合物,所以形成的网络结构稳定性差。笔者认为通过加入某些环状结构的改性剂可以增加凝胶小球的稳定性以及固定化微生物的活性。

环糊精(Cyclodextrin, CD)是一种由若干 D-葡萄糖醛基按环状排列组成的低聚糖。分子位于宽度狭窄的空心圆柱体中,内部空腔相对疏水,所有亲水基团均位于圆柱体外部。这种化学化合物可将污染物嵌入到内腔形成笼形化合物。由于低廉的生产成本和适当的内径,β-CD 被最广泛使用。如今,β-CD 已应用于环境保护领域,尤其是重金属和有机污染物的去除[11]。例如,研究发现 β-CD 聚合物能够去除雌激素[12]。在本研究中,通过将 β-CD 引入 PVA 和 SA 包埋剂中,来增加凝胶载体中微生物的活性和脱氮效率。

本研究制备了一种新型的微生物包埋材料,并通过扫描电子显微镜（SEM）和傅里叶红外光谱仪（ATR-FTIR）表征凝胶小球；设计正交试验以评估温度、β-CD的添加量和包埋剂浓度对脱氮效率的影响；测定生物呼吸速率以评估不同处理之间的微生物活性差异；最后,进行了高通量测序技术以揭示凝胶小球内的微生物群落。

2.2 材料和方法

2.2.1 固定技术

首先,用PVA和SA制备PVA和SA的凝胶小球（缩写为PVA-SA),并通过将β-CD添加到PVA-SA的凝胶中来制备PVA、SA和β-CD的凝胶小球（缩写为PVA-SA-CD)；然后将这些化合物和水的混合物在90℃的水浴中加热,以使其完全熔融并混合,将凝胶溶液冷却至35℃,并将浓缩的污泥与凝胶溶液以2：1的W/W比（VSS：凝胶）完全混合；再将混合的凝胶溶液缓慢滴入固化溶液（饱和硼酸和2%(W/V) $CaCl_2$)中,通过添加4mol/L NaOH将其pH值控制为7；通过蠕动泵完成固化过程,将凝胶材料以制成球形颗粒；最后将制备的凝胶小球在4℃的固化溶液中浸泡24h,再将凝胶小球用蒸馏水洗涤并通过营养液进行培养。

2.2.2 脱氮序批试验

通过正交试验研究了温度、β-CD添加量和包埋剂浓度对脱氮性能的影响。每个因素2个水平,共有4个试验：30℃培养的含CD的1.7% PVA和0.5%SA凝胶小球（缩写为30CD-1.7-CD)、30℃培养的1.2%PVA和0.5%SA凝胶小球（缩写为30-1.2)、25℃培养的含CD的1.2%PVA和0.5% SA凝胶小球（缩写为25-1.2-CD),25℃培养的1.7% PVA和0.5%凝胶小球（缩写为25-1.7)。每个试验使用200mL包埋液制备不同处理的凝胶小球,以保证不同处理方法含有一样的凝胶小球数量和生物量。

脱氮的序批试验是在恒温振荡器内的锥形烧瓶中进行。每种处理方法均设置了3个重复试验,总共有12个锥形瓶。用于培养微生物的模拟废水成分包含：100mg/L NH_4Cl-N、100mg/L 蔗糖、27mg/L KH_2PO_4、500mg/L $NaHCO_3$、180mg/L $CaCl_2 \cdot 2H_2O$、300mg/L $MgSO_4 \cdot 7H_2O$。将1mL微量元素添加到1L合成培养基中。微量元素溶液包含625mg/L EDTA、190mg/L $NiCl_2 \cdot 6H_2O$、

430mg/L $ZnSO_4 \cdot 7H_2O$、220mg/L $NaMoO_4 \cdot 2H_2O$、240mg/L $CoCl_2 \cdot 6H_2O$、990mg/L $MnCl_2 \cdot 4H_2O$、250mg/L $CuSO_4 \cdot 5H_2O$。模拟废水为自养细菌和异养细菌的生长提供氮素和有机碳源，用恒温振荡器将进料溶液的温度保持在25℃和30℃，通过曝气机供应用于细菌生长的氧气，控制溶解氧为 1.5mg/L。由于添加了 $NaHCO_3$，溶液的 pH 值约为 8，模拟废水每 4 天更新一次。试验定期采样水样，样品通过 0.45μm 膜过滤，按照比色法分析 NH_4^+-N 和 NO_2^--N 的浓度，并通过镉还原法分析 NO_3^--N 的浓度[13]。

2.2.3 比表面积测量

将干燥的凝胶小球浸入 20mg/L、40mg/L、60mg/L、80mg/L 和 100mg/L 的 100mL 亚甲基蓝（MB）中。在恒温振荡器中，将亚甲基蓝溶液在 25℃ 下吸附 1h，然后检测溶液中亚甲基蓝的浓度，通过将亚甲基蓝的最大吸附质量（Q_{max}）乘以 2.45 来计算凝胶小球的比表面积，因为亚甲基蓝的比表面积为 2.45m^2/mg MB。

以 g MB/g 载体为单位的 Q_{max} 可通过拟合式（2-1）计算。

$$\frac{C_e}{Q} = \frac{C_e}{Q_{max}} + \frac{1}{bQ_{max}} \qquad (2-1)$$

式中　C_e——平衡吸附下亚甲基蓝的浓度，g MB/L；

　　　Q——平衡吸附下亚甲基蓝的质量，g MB/g 载体；

　　　b——吸附系数，L/g。

平衡吸附条件下亚甲基蓝的质量 Q 由式（2-2）计算。

$$Q = (C_0 - C_t)\frac{V}{W} \qquad (2-2)$$

式中　C_0——亚甲基蓝的初始浓度，g/L；

　　　C_t——t 时间的亚甲基蓝浓度，g/L；

　　　V——溶液的体积，L；

　　　W——载体的质量，g。

2.2.4 扫描电镜观察

首先，用磷酸盐缓冲盐溶液（PBS）洗涤具有嵌入的微生物的凝胶小球，然后依次在 50%、80%、100% 的乙醇溶液中脱水，最后将凝胶小球切开，并在室温下于硅胶干燥器中干燥完全。将凝胶小球的内部和表面涂铂,并在 N_2 介质中进行扫描电镜的观察。

2.2.5　ATR-FTIR 分析

将 PVA、SA 和 CD 的凝胶溶液涂布在 PVDF 膜的表面上,然后用饱和硼酸和 $CaCl_2$ 固化,在硅胶干燥器中完全干燥后,用 ATR-FTIR 分析仪分析样品。

2.2.6　高通量测序分析

用 PBS 溶液洗涤带有包埋微生物的采样凝胶小球,然后在-20℃条件下冷冻保存直到进行高通量分析。微生物群落的高通量测序分析是由中国上海的 Biozeron 有限公司进行的。使用 BLAST 比对工具(http://www.ncbi.nlm.nih.gov/blast/)进行在线相似性对比。

2.2.7　呼吸速率测试

评估包埋微生物的活性是通过测量内源和外源呼吸速率进行的。首先将凝胶小球与蒸馏水一起放入 250mL 玻璃瓶中,以 DO 计测量内源呼吸速率,水浴温度控制在 25℃或 30℃。在获得稳定的内源呼吸速率后,将蒸馏水替换为模拟废水计算外源呼吸速率。

2.3　结果与讨论

2.3.1　物理特性

表 2-1 为凝胶小球的物理特性,球的直径在 0.33~0.37cm 范围内,小球的含水率为 54.51%~60.69%,这意味着固相(如凝胶剂和包埋的微生物)可用的小球体积不到一半。当凝胶小球粒填充到作为固定床的柱中时,床的孔隙率可达到 25%。通常,凝胶材料以立方体或小球的形式制备。Cao 等人[14]

表 2-1　不同凝胶小球的物理性质

性　质	30-1.7-CD	30-1.2	25-1.2-CD	25-1.7
半径/cm	0.34±0.024	0.33±0.016	0.37±0.026	0.37±0.26
含水率/%	55.98±0.98	54.51±0.48	60.96±1.28	59.82±1.36
孔隙度/%	25.0	25.2	24.9	24.8

用10%PVA和2%海藻酸钠通过注射器形成直径约3mm的凝胶小球,用于固定硝化和反硝化细菌。然而,本书利用蠕动泵,而非传统的注射器,因此凝胶小球合成速度更快。Isaka等人[15]将包含有异养反硝化细菌的聚乙二醇(PEG)凝胶载体切成边长为3mm的立方体用来脱氮。

图2-1所示为用于计算比表面积的亚甲基蓝的吸附曲线。通过拟合曲线,对于带有CD的小球,凝胶小球的比表面积达到24.52m²/(g干载体);对于没有CD的小球,凝胶小球的比表面积达到29.10m²/(g干载体)。发现添加CD后稍微降低了比表面积。在Duan等人[9]的研究中,PVA-SA凝胶小球的比表面积为57.32m²/(g干载体),这可以归因于较高的PVA浓度(7.5%)。这表明较高的PVA浓度可导致较大的载体比表面积。

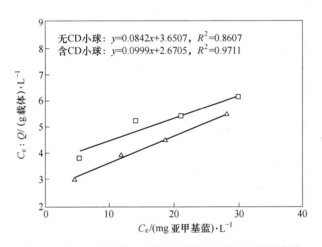

图2-1 含CD和不含CD凝胶小球的亚甲基蓝吸附曲线

2.3.2 ATR-FTIR 光谱

图2-2所示为PVA、SA、PVA-SA和PVA-SA-CD的FTIR光谱。PVA-SA和PVA-SA-CD混合样品在2900~3000cm^{-1}处的峰值比PVA样品有所减少,这是由于氢键合的OH基团和CH的拉伸引起的。对于SA样品,在1590cm^{-1}处的强吸收是C=O拉伸导致藻酸盐的离子键合羧基的特征峰。相应地,在PVA-SA和PVA-SA-CD的混合样品中仍然可观察到这种强吸收,这表明在混合样品中SA与钙的交联比较成功。

研究结果表明,在3000~3600cm^{-1}处出现了一个宽频带,表示—OH拉伸振动。有趣的是,该峰在PVA-SA-CD样品中比在PVA-SA样品中更尖。虽然

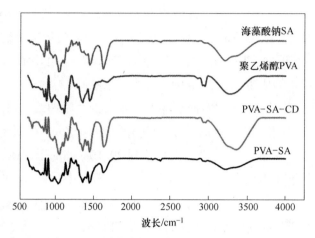

图 2-2　不同化合物的傅里叶变换红外光谱

差异可能是由包埋剂的膜厚引起的，但更大的可能是由于添加了大量—OH 的 CD 引起的。因为如果是由膜的厚度引起的，那么 PVA-SA-CD 和 PVA-SA 在 1590cm^{-1} 处 SA 的特征峰之间的差异应该类似于 PVA-SA-CD 和 PVA-SA 的 —OH 拉伸振动之间的差异。但是，实际上后者的差异明显大于前者的差异[16]。因此，证实了 PVA-SA-CD 样品具有很强的亲水性这一事实，这有利于微生物的包埋。总之，FTIR 光谱证实了 PVA 和 SA 的交联过程是成功的，并且 CD 的加入大大提高了凝胶小球的亲水性。

2.3.3　凝胶小球微观结构

SEM 显微照片可以直观显示凝胶小球内部和外部的微生物分布和物理结构。与凝胶小球的内部相比，小球表面上的微生物较少（如图 2-3（a）、（b）所示），而在凝胶小球内部则可以看到大量微生物（如图 2-3（c）、（d）所示）。特别是，图 2-3（a）显示了具有 CD 的小球表面上的裂纹显著且比没有 CD 的小球表面上的裂纹宽，这有利于氧气和营养物向小球内部的渗透。Zhu 等人[8]还发现，固定有 PVA-SA 小球的表面微结构疏松且具有微孔，这有助于营养物质渗透到小球内部。简而言之，根据 SEM 显微照片，推测 CD 可进一步增强营养物质向 PVA-SA 凝胶小球内部扩散的能力。

通过比较图 2-3（b）与图 2-3（d），发现含 CD 的凝胶小球中微生物的形状显著大于不含 CD 的凝胶小球。含 CD 的凝胶小球直径约为 2μm，细菌密度很高（如图 2-3（b）所示），而不含 CD 的样品中观察到的细菌直径小于

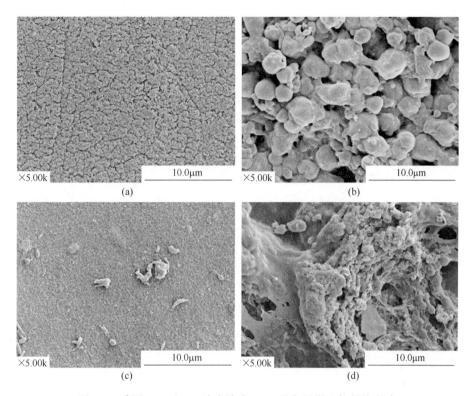

图 2-3 采用 PVA 和 SA 浓度均为 1.2% 的包埋微生物凝胶小球

(a) 带 CD 的凝胶外部；(b) 带 CD 的凝胶内部；(c) 无 CD 的凝胶外部；(d) 无 CD 的凝胶内部

10μm，密度也相对较低（如图 2-3（d）所示）。对于不含 CD 的样品，这种现象与 Zhu 等[8]人的研究结果相似，在 PVA-SA 小球内部观察到的球形细菌直径小于 10μm。另外，在含 CD 的凝胶小球中可以清楚地观察到细菌之间的孔隙。

在浓度均为 1.7% 的 PVA 和 SA 凝胶小球中也发生了类似的现象（如图 2-4 所示）。含 CD 的样品的小球表面粗糙且有裂纹，并且小球内部的微生物数量比不含 CD 的小球内部的微生物数量要多。由于高浓度的 PVA 和 SA，在凝胶小球的表面出现了密集的裂纹，并且小球内的微生物直径很小，小于 2μm（如图 2-4（b）、(d) 所示）。因此，添加 CD 会增加被包埋微生物的密度以及小球表面的孔隙度。

2.3.4 呼吸速率测试

表 2-2 为悬浮污泥和被包埋微生物的内源和外源呼吸速率。就比内源性呼

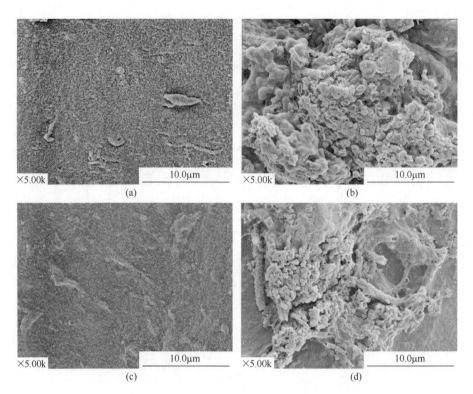

图 2-4　PVA 和 SA 浓度均为 1.7%时包埋微生物的凝胶小球的 SEM 显微图

(a) 含 CD 小球外部；(b) 含 CD 小球内部；(c) 无 CD 小球外部；(d) 无 CD 小球内部

表 2-2　四种处理条件下凝胶小球和悬浮污泥的呼吸速率对比

项　目	30-1.7-CD	30-1.2	25-1.2-CD	25-1.7	活性污泥
比内源呼吸速率/ $mgO_2 \cdot (gMLVSS \cdot h)^{-1}$	9.37	3.25	8.52	4.56	—
最大外源呼吸速率/ $mgO_2 \cdot (L \cdot h)^{-1}$	19.44	11.16	17.28	17.31	10.97
凝胶小球生物量/ $gMLVSS \cdot L^{-1}$	1.42	0.78	1.10	1.10	1.42
最大比外源呼吸速率/ $mgO_2 \cdot (gMLVSS \cdot h)^{-1}$	13.67	14.39	15.73	15.75	7.73

吸速率而言，含 CD 的凝胶小球在所有温度下都具有很高的数值，30-1.7-CD 和 25-1.2-CD 的处理值分别达到每小时 $9.37mgO_2/(gMLVSS \cdot h)$ 和 $8.52mgO_2/(gMLVSS \cdot h)$，而 30-1.2 和 25-1.7 处理的比内源性呼吸速率仅分

别为每小时 3.25mgO$_2$/(gMLVSS·h) 和 4.56mgO$_2$/(gMLVSS·h)。因此，CD 对被包埋的微生物活性具有明显的促进作用，特别是在饥饿等不利环境下。此外，就比外源呼吸速率而言，凝胶小球中被包埋的微生物的值约是悬浮污泥的 2 倍，这表明包埋技术可以增强微生物活性。然而，Duan 等人[9]报道，悬浮污泥的比耗氧速率高于 PVA-SA 凝胶载体，原因可能是凝胶载体的传质阻力和硼酸的毒性。在本研究中，低 PVA 浓度、不同的污泥来源及其培养条件可能解释了本研究中出现的不同现象。

另外，四种处理的比外源呼吸速率没有大的变化（13.67~15.75mgO$_2$/(g MLVSS·h)），原因可能是每种类型的凝胶小球中异养细菌具有相似的活性。由于模拟废水中含有蔗糖，呼吸测定试验开始时消耗的大部分溶解氧是由异养细菌而不是自养细菌引起的。因此，不同处理的最大外源呼吸速率值可能相同。Spanjers 和 Vanrolleghem[17]指出，在添加醋酸盐和铵的情况下，最大耗氧速率主要由异养菌贡献，在前 15min 达到 24mgO$_2$/(L·h)，此后，由于利用铵的自养细菌开始活跃，耗氧速率从 6mgO$_2$/(L·h) 缓慢降低至内源呼吸速率。

2.3.5 脱氮性能

铵盐、亚硝酸盐和硝酸盐的总和在本研究中定义为总无机氮（TIN）。图 2-5（a）所示为 4 种处理的 TIN 去除率：30-1.7-CD、30-1.2、25-1.2-CD 和 25-1.7。序批试验结果显示 75h 后，30-1.7-CD 处理的 TIN 去除率最高，达到 85.4%，而且上升的速度很快。原因可能是带有 CD 的凝胶小球在较高温度下微生物密度大且活性强。将 30-1.2 与 25-1.2-CD 处理进行比较，尽管温度相对于 25-1.2-CD 处理较低，但它们的 TIN 去除率接近 57%。这表明 CD 可以帮助提高 TIN 去除率，而与温度无关。此外，尽管使用了高浓度的 PVA 和 SA 来制备凝胶小球，但 25-1.7 处理的 TIN 去除率最低（46.3%），这是因为温度低且没有添加 CD。

就铵盐、亚硝酸盐和硝酸盐的浓度而言，图 2-5（b）表明，在整个试验过程中，NH$_4^+$-N 浓度降低，而 30-1.7-CD 处理的下降值最高。但是，在整个测试时间内，NO$_3^-$-N 和 NO$_2^-$-N 的浓度可以忽略不计，最高的 NO$_3^-$-N 和 NO$_2^-$-N 产生值仅达到 2mg/L。该现象表明在凝胶小球粒内部发生了预期的同步硝化和反硝化反应。这 4 种处理的 TIN 去除率在 0.67~2.08mg/(L·h) 间不等，

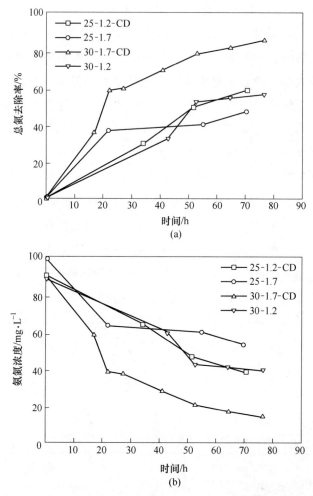

图 2-5 不同处理的总氮去除率（a）和铵离子浓度（b）随时间的变化

30-1.7-CD 处理的值最大。Cao 等人[14]还发现 PVA-SA 凝胶颗粒中的 NO_3^--N 和 NO_2^--N 浓度极低，其脱氮速率根据有机碳源的不同在 2.34~4.5mg/(L·h) 间变化。

因此，可以得出结论，凝胶材料严重影响了脱氮性能，并且 4 种处理的 TIN 去除率之间的差异主要是由于 CD 的加入。特别是，将 CD 添加到 PVA 和 SA 的传统凝胶中会影响内部微生物的活性以及营养物和氧气的传质。众所周知，PVA 和 SA 分别具有增强内部结构强度和加速营养物质在内部传质的功能[18]。另外，CD 常被用来作为 SA 凝胶中的微生物接种剂以维持微生物的活性[19]。Li 等人[20]用 β-CD 制备了一种新型的聚氨酯包埋材料，用于去除废水中的有机物和氨氮。他们发现，添加 β-CD 可以显著增强载体的亲水性和生物相容性，并且还可以增加被包埋微生物的数量。

正交试验的结果见表 2-3，其中 R 值从大到小的顺序为 β-CD、温度和凝胶浓度。结果表明，CD 的添加是这 3 个因素中最重要的因素，而温度的影响次之，PVA 和 SA 的浓度对脱氮效率的影响最小。因此，制备固定化凝胶小球的最佳操作条件为：PVA 浓度为 1.7%（W/V），SA 浓度为 1.7%（W/V），CD 浓度为 1%（W/V），温度为 30℃。根据 F 值，在 95% 的置信度下，4 种处理之间均未观察到显著差异，但是添加 CD 的 F 值（1.498）接近临界 F 值，其次是温度的 F 值（1.227），PVA 和 SA 的浓度对脱氮性能的影响最弱。

表 2-3 正交试验结果

编号	温度/℃	β-环糊精	凝胶浓度/%	无机氮去除率/%
1	25	含有	1.2	58.1
2	25	不含有	1.7	46.3
3	30	含有	1.7	85.4
4	30	不含有	1.2	56.1
K_1	52.18	71.72	57.07	
K_2	70.74	51.21	65.85	
R	18.56	20.51	8.78	
F 值①	1.227	1.498	0.275	

①显著性小于 0.05。

2.3.6 微生物群落

通过高通量测序技术分析了凝胶小球内的微生物群落。结果显示，未分类的 *Comamonadacease* 和 *Comamonas* 是凝胶小球内部的两种主要细菌，分别占总微生物群落的 50.0% 和 11.3%（如图 2-6 所示）。它们都属于 *Comamonadacease*，比例为 61.3%。相似度检索在 Quast 等人[21]（Release119 http://www.arb-silva.de）、Cole 等人[22]（Release11.1 http://rdp.cme.msu.edu/）和 Desantis 等人[23]（Release13.5 http://greengenes.secondgenome.com/）数据库进行。此外，GenBank 数据库的 BLAST 搜索确认未分类 *Comamonadacease* 的测序序列与 *Comamonas sp.* 匹配，未分类的丛 *Comamonas* 的测序克隆与反硝化的 *Comamonas* 的序列同一性为 98%。进水溶液中 DO 值为 1.5mg/L，可能会导致凝胶小球内部的 DO 值较低，从而使 *Comamonaceae* 成为微生物的

主要种类。类似地，在一项对食品加工厂废水的处理研究中，当溶解氧供应量降低到 1mg/L 以下时，主要细菌种群从 *Anaerolinaeceae*（15.6%）变为了 *Comamonadaceae*（52.3%）[24]。而且，据报道，*Comamonadaceae* 在硝化和反硝化污泥中很常见，并且具有良好的脱氮能力[25]。Li 等人[26]还通过构建 16S rDNA 克隆文库在需氧颗粒污泥中发现了 *Comamonadaceae*（占 6.1%）。人们认为 *Comamonas* 是生物膜群落中最丰富的微生物之一，尤其是在去除硝酸盐的微生物群落中[27,28]。此外，即使在有氧条件下，成熟生物膜中也能很好地还原硝酸盐，从而保持生物膜的高生存能力[29]。除异养反硝化作用外，也经常在处理垃圾渗滤液的异养硝化-好氧反硝化系统中检测到 *Comamonas sp.*[30]。因此，大量的 *Comamonadacease* 和 *Comamonas*（占总微生物群落的 61.3%）可能可以解释为什么凝胶小球内部发生同步硝化和反硝化作用。

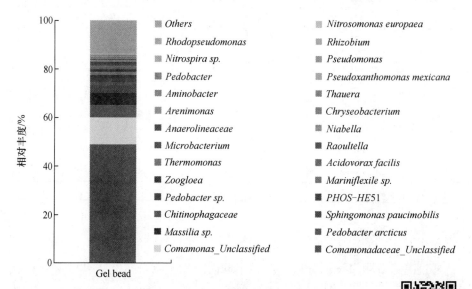

图 2-6　凝胶小球内微生物群落相对丰度

但是，需要指出的是，凝胶小球内部缺乏硝化微生物。*Nitrospira sp.* 和 *Nitrosomonas europaea* 的比例分别为 0.17% 和 0.15%。这可以解释较低的脱氮速率和较长的脱氮时间。有趣的是，*Nitrosomonas europaea* 也被报道过具有一定的同步硝化反硝化作用，即当存在氨和合适的有机化合物时，这种微生物可以利用亚硝酸盐作为电子受体，进行反硝化[31]。除了这两种常见的硝化菌外，在凝胶中还发现了 *Thauera* 和 *Pseudomonas* 物种，分别占总群落的 0.24% 和 0.22%。像

Nitrosomonas 一样，*Thauera* 被认为与胞外多糖（EPS）的分泌和脱氮密切相关[32]，在 Calli 等人[33]的研究中，*Thauera* 被认为是一种好氧反硝化菌。同时，*Pseudomonas stutzeri*T13 也被认为是异养硝化-好氧反硝化细菌[34]。

2.4 结论

本研究成功实现了同步硝化反硝化，当 PVA 和 SA 添加量均为 1.7%且在 30℃条件下，添加 CD 的凝胶小球的 TIN 去除率最高，达到了 85%。除了对脱氮有积极作用外，添加 CD 还增加了凝胶小球表面的微孔率，并提高了比内源呼吸速率。微生物群落主要以 61.3% 的比例包含 *Comamonadacease* 和 *Comamonas*，确保其具有良好的脱氮能力。总体而言，CD 被证明是一种非常好的传统 PVA-SA 凝胶材料的添加剂。

参 考 文 献

[1] Paredes D, Kuschk P, Mbwette T S A, et al. New aspects of microbial nitrogen transformations in the context of wastewater treatment-A review [J]. Engineering in Life Sciences, 2010, 7 (1): 13~25.

[2] Fan Jie, Tao Tao, Zhang Jing, et al. Performance evaluation of a modified anaerobic/anoxic/oxic (A^2/O) process treating low strength wastewater [J]. Desalination, 2009, 249 (2): 822~827.

[3] Jun L I, Peng Yongzhen, Guowei G U, et al. Factors affecting simultaneous nitrification and denitrification in an SBBR treating domestic wastewater [J]. Frontiers of Environmental Science & Engineering in China, 2007, 1 (2): 246~250.

[4] Zhang Peng, Zhou Qi. Simultaneous nitrification and denitrification in activated sludge system under low oxygen concentration [J]. Frontiers of Environmental Science & Engineering in China, 2007, 1 (1): 49~52.

[5] Aoi Y, Shiramasa Y, Kakimoto E, et al. Single-stage autotrophic nitrogen-removal process using a composite matrix immobilizing nitrifying and sulfur-denitrifying bacteria [J]. Applied Microbiology & Biotechnology, 2005, 68 (1): 124~130.

[6] Santos V A, Tramper J, Wijffels R H. Simultaneous nitrification and denitrification using immobilized microorganisms [J]. Biomaterials, artificial cells, and immobilization biotechnology: Official Journal of the International Society for Artificial Cells and Immobilization Biotech-

nology, 1993, 21 (3): 317~322.

[7] Lai Minh Quan, Khanh Do Phuong, Hira Daisuke, et al. Reject water treatment by improvement of whole cell anammox entrapment using polyvinyl alcohol/alginate gel [J]. Biodegradation, 2011, 22 (6): 1155~1167.

[8] Zhu Gangli, Hu Yong you, Wang Qirui. Nitrogen removal performance of anaerobic ammonia oxidation co-culture immobilized in different gel carriers [J]. Water Science & Technology: A Journal of the International Association on Water Pollution Research, 2009, 59 (12): 2379~2386.

[9] Duan X M. The Anammox activity enhancement by low intensity ultrasound and co-immobilized with partial nitrifying sludge for autotrophic nitrogen removal [D]. Dalian: Dalian University of Technology, 2012.

[10] Hu J. Biodegradation of di-n-butyl phthalate in wastewater by immobilized *Micrococcus sp.* [D]. Beijing: China University of Geosciences, 2014.

[11] A Kozlowski C, Wa S. Cyclodextrin Polymers: Recent Applications in: Matyjaszewski K (Ed.), Encyclopedia of Polymer Science and Technology [J]. John Wiley and Sons, Inc, 2013.

[12] Oishi Kyoko, Moriuchi Ayumi. Removal of dissolved estrogen in sewage effluents by β-cyclodextrin polymer [J]. Science of the Total Environment, 2010, 409 (1): 112~115.

[13] Walter William G. APHA Standard Methods for the Examination of Water and Wastewater [J]. American Journal of Public Health & the Nations Health, 1961, 51 (6): 940.

[14] Cao Guomin, Zhao Qingxiang, Sun Xianbo, et al. Characterization of nitrifying and denitrifying bacteria coimmobilized in PVA and kinetics model of biological nitrogen removal by co-immobilized cells [J]. Enzyme & Microbial Technology, 2002, 30 (1): 49~55.

[15] Isaka Kazuichi, Kimura Yuya, Osaka Toshifumi, et al. High-rate denitrification using polyethylene glycol gel carriers entrapping heterotrophic denitrifying bacteria [J]. Water Research, 2012, 46 (16): 4941~4948.

[16] Bano Saira, Mahmood Asif, Lee Kew Ho. Chlorine Resistant Binary Complexed NaAlg/PVA Composite Membrane for Nanofiltration [J]. Separation & Purification Technology, 2015, 137: 21~27.

[17] Spanjers Henri, Vanrolleghem Peter. Respirometry as a tool for rapid characterization of wastewater and activated sludge [J]. Water Science & Technology, 1995, 31 (2): 105~114.

[18] Zhang L S, Wu W Z, Wang J L. Immobilization of activated sludge using improved polyvinyl alcohol (PVA) gel [J]. Journal of Environmental Sciences, 2007, 19 (11):

1293~1297.

[19] Charley Robert C. Maintenance of the viability of microorganisms for use in microbial inoculants [M]. EP, 1995.

[20] Li C, Zheng C X, Li J. Synthesis and application of β-cyclodextrin modified reticulate polyurethane foam [C]//Proceedings of the sixth annual meeting of water treatment chemicals industry of China fine chemical association, Kunming, China, F, 2010.

[21] Christian Quast, Elmar Pruesse, Pelin Yilmaz, et al. The SILVA ribosomal RNA gene database project: improved data processing and web-based tools [J]. Nucleic Acids Research, 2013 (D1): 590~596.

[22] Cole J R, Wang Q, Cardenas E, et al. The Ribosomal Database Project: improved alignments and new tools for rRNA analysis [J]. Nucleic Acids Research, 2009, 37: 141~145.

[23] Desantis Todd Z, Hugenholtz Philip, Larsen Neils, et al. Greengenes, a Chimera-Checked 16S rRNA Gene Database and Workbench Compatible with ARB [J]. Applied & Environmental Microbiology, 2006, 72 (7): 5069~5072.

[24] Sadaie Tamiko, Sadaie Aya, Takada Masao, et al. Reducing sludge production and the domination of comamonadaceae by reducing the oxygen supply in the wastewater treatment procedure of a food-processing factory [J]. Journal of the Agricultural Chemical Society of Japan, 2007, 71 (3): 791~799.

[25] Li Anjie, Yang Shufang, Li Xiaoyan, et al. Microbial population dynamics during aerobic sludge granulation at different organic loading rates [J]. Water Research, 2008, 42 (13): 3552~3560.

[26] Li Jianting, Ji Shulan, Liu Zhipei, et al. Analysis of Bacterial Composition of Aerobic Granular Sludge with 16S rDNA Clone Library [J]. Research of Environmental Sciences, 2009, 22: 1218~1223.

[27] Patureau D, Zumstein E, Delgenesr J P, et al. Aerobic Denitrifiers Isolated from Diverse Natural and Managed Ecosystems [J]. Microbial Ecology, 2000, 39 (2): 145~152.

[28] Zhong Fei, Wu Juan, Dai Yanran, et al. Bacterial community analysis by PCR-DGGE and 454-pyrosequencing of horizontal subsurface flow constructed wetlands with front aeration [J]. Applied Microbiology & Biotechnology, 2015, 99 (3): 1499~1512.

[29] Wu Yichao, Shukal Sudha, Mukherjee Manisha, et al. Involvement in Denitrification is Beneficial to the Biofilm Lifestyle of Comamonas Testosteroni: A Mechanistic Study and Its Environmental Implications [J]. Environmental Science & Technology, 2015, 49 (19): 11551~11559.

[30] Chen Qian, Ni Jinren. Heterotrophic nitrification-aerobic denitrification by novel isolated bacteria [J]. Journal of Industrial Microbiology & Biotechnology, 2011, 38 (9): 1305~1310.

[31] Bock Eberhard, Schmidt Ingo, Stüven Ralf, et al. Nitrogen loss caused by denitrifying Nitrosomonas cells using ammonium or hydrogen as electron donors and nitrite as electron acceptor [J]. Archives of Microbiology, 1995, 163 (1): 16~20.

[32] Huang Wenli, Wang Wenlong, Shi Wansheng, et al. Use low direct current electric field to augment nitrification and structural stability of aerobic granular sludge when treating low COD/NH_4-N wastewater [J]. Bioresour Technol, 2014, 171: 139~144.

[33] Calli Baris, Tas Neslihan, Mertoglu Bulent, et al. Molecular analysis of microbial communities in nitrification and denitrification reactors treating high ammonia leachate [J]. Environmental Letters, 2003, 38 (10): 1997~2007.

[34] Sun Yilu, Li Ang, Zhang Xuening, et al. Regulation of dissolved oxygen from accumulated nitrite during the heterotrophic nitrification and aerobic denitrification of pseudomonas stutzeri T13 [J]. Applied Microbiology & Biotechnology, 2015, 99 (7): 3243~3248.

3 凝胶小球在去除有机污染物领域的应用

3.1 引言

土霉素（OTC）是一种典型的四环素类抗生素，由于其具有广谱活性且成本较低，故作为生长促进剂被广泛应用于临床治疗和牲畜养殖业中[1]。残留的抗生素已被发现广泛存在于地表水、沉积物、土壤等环境中。残留抗生素不仅会造成化学污染，还会为抗生素耐药性的转移和传播提供选择条件[2]。

包埋技术是利用包埋剂交联微生物来制备水凝胶的技术。包埋技术作为一种固定化技术，在去除有机污染物和脱氮方面受到越来越多的关注[3,4]。与传统的活性污泥法相比，微生物包埋法可以提高废水处理效率。包埋剂包括聚乙烯醇、聚丙烯酸、卡拉胶、海藻酸钠、海藻酸钙等[5]。庞胜华等人[6]研究发现包埋微生物对有机负荷有一定的冲击抵抗能力，但内部传质阻力较大，影响氧的扩散。

β-环糊精（β-CD）是由7个葡萄糖残基以α-1,4-糖苷键连接而成的环状化合物，具有亲水的外围及疏水的内腔，在溶液中可与多种有机物（如各类有机污染物）形成包合物[7]。由于β-CD成本较低而且具有合适内径，因而被广泛应用于环境保护中，例如β-CD的聚合物被用来去除水中的雌激素类物质[8]。Cui等人[9]发现β-CD可以增大凝胶结构中的三维网格，使交联点分布较均匀，从而赋予凝胶良好的力学性能。Alsbaiee等人[10]合成了一种β-CD的聚合物，能够快速吸附水体中的多种有机微污染物，吸附速率是活性炭的15~200倍，并且吸附上去的污染物可以被化学性质温和的淋洗剂洗脱，从而使聚合物可以被多次再生。针对凝胶存在的较大传质阻力的问题，本团队也做了相关研究[11]，发现β-CD能够增大微生物的生物活性，促进营养物质向凝胶内部传质，从而提高同步硝化反硝化的脱氮效率。

本研究在传统包埋微生物凝胶中加入β-CD来制作新型包埋材料，对比研究它对水中OTC的吸附和生物降解行为，并考察其微生物活性和群落多样性。

3.2 材料和方法

3.2.1 试剂与仪器

试剂中聚乙烯醇（PVA，水解度大于97%）、海藻酸钠（SA）、β-CD、$NaNO_3$、$CaCl_2$以及配制模拟废水的化学药品均购自天津光复精细化工研究所；OTC，来自赤峰制药股份有限公司；乙腈、甲醇、色谱纯，来自Sigma-Aldrich公司；PBS缓冲液，来自Solarbio公司。

仪器中Oxi3210型溶解氧仪，来自德国WTW公司；LC-20A型高效液相色谱仪，来自日本岛津公司；FSH-2A型高速搅拌机，来自上海谷宁仪器有限公司。

3.2.2 微生物凝胶小球的制备

在90℃水浴加热的条件下，使固体的PVA、SA和β-CD完全混合溶解，最终三者的质量浓度分别为PVA70g/L、SA10g/L和β-CD 20g/L。在3500r/min条件下，离心10min得到浓缩的活性污泥（含水率约为10%），然后将其加入冷却至35℃的凝胶溶液中，使最终污泥的质量浓度（干重）约为2g/L；之后，用蠕动泵以固定流速将凝胶溶液缓慢滴加到质量浓度为500g/L的$NaNO_3$和20g/L的$CaCl_2$交联液中，制成凝胶小球（粒径在（3.5±0.3）mm），在交联液中4℃保存12h，最后用水清洗凝胶小球。本研究对比了有β-CD小球和无β-CD小球的OTC的吸附和降解行为。

3.2.3 模拟废水的组成

试验采用模拟废水，每升模拟废水中含有200mg蔗糖、2mg OTC、100mg NH_4Cl、27mg KH_2PO_4、500mg $NaHCO_3$、180mg $CaCl_2 \cdot 2H_2O$、300mg $MgSO_4 \cdot 7H_2O$和1mL微量元素液（625mg/L EDTA、190mg/L $NiCl_2 \cdot 6H_2O$、430mg/L $ZnSO_4 \cdot 7H_2O$、220mg/L $NaMoO_4 \cdot 2H_2O$、240mg/L $CoCl_2 \cdot 6H_2O$、990mg/L $MnCl_2 \cdot 4H_2O$、250mg/L $CuSO_4 \cdot 5H_2O$）。

3.2.4 OTC吸附试验

将未包埋微生物的凝胶小球在70℃下烘干2天至质量恒定，然后加入200mL、100mg/L的OTC溶液中，分别于0min、1min、2.5min、5min、

10min、120min 采集水样，分析 OTC 的质量浓度。通过式（3-1）计算扩散系数（D_e），通过式（3-2）计算干燥凝胶小球对 OTC 的吸附量（Q）[12]。

$$-\ln\left(\frac{\rho_t - \rho_f}{\rho_0 - \rho_f}\right) = \frac{\pi^2 D_e}{R^2}t - \ln\frac{6}{\pi^2} \quad (3-1)$$

$$Q = \frac{(\rho_0 - \rho_f)V}{m} \quad (3-2)$$

式中　ρ_0——OTC 的初始质量浓度，mg/L；

ρ_f——OTC 的最终质量浓度，mg/L；

ρ_t——t 时刻 OTC 的质量浓度，mg/L；

D_e——扩散系数，cm^2/s；

R——凝胶小球的直径，cm；

V——液体体积，mL；

m——加入的干燥凝胶小球的质量，g。

3.2.5　OTC 降解试验

取 200g 包埋微生物的湿重凝胶小球放入容积为 6L 的圆柱形生物反应器中，用模拟废水以 0.39L/h 的流量连续输送到反应器中进行生物降解反应。反应器启动一个月后，水流流量依次调整为 0.91L/h、0.66L/h、0.39L/h，每个流量维持 2 周时间。之后在 0.39L/h 的流量下依次调整蔗糖与 OTC 的质量比为 100∶2、50∶2 和 0∶2。每天收集进水和出水检测 OTC 质量浓度和化学需氧量（COD）。

3.2.6　呼吸试验

在 20℃恒温条件下，先将包埋有微生物的凝胶小球浸没在蒸馏水中，使用溶解氧仪测定氧气消耗速率，计算内源呼吸速率；获得稳定内源呼吸速率数据后，向蒸馏水中加入 OTC，计算以 OTC 作为唯一碳源的外源呼吸速率；最后，加入模拟废水，计算以 OTC 和蔗糖共同作为碳源的外源呼吸速率。根据凝胶小球内包埋的微生物质量，可以通过式（3-3）得到比内源及比外源呼吸速率，以此来评估被包埋微生物的活性。包埋微生物浓度是用 Chen 等人[13]的方法测定小球内部微生物蛋白质的含量换算得到的。

$$SOUR = \frac{\rho_i - \rho_e}{\Delta t \times VSS} \quad (3-3)$$

式中　SOUR——微生物比呼吸速率，mg/(g·h)；

　　　ρ_i——初始的溶解氧浓度，mg/L；

　　　ρ_e——最终的溶解氧浓度，mg/L；

　　　Δt——ρ_i 到 ρ_e 所经历的时间，h；

　　　VSS——微生物量的质量浓度，g/L。

3.2.7　分析方法

采用高效液相色谱（HPLC）系统和紫外检测仪检测水中 OTC 浓度。C18 色谱柱（250mm×4.6mm，5μm），流动相流量为 0.8mL/min，0.01mol/L 的草酸溶液为流动相 A，V(乙腈)：V(甲醇)=2：1 的混合液为流动相 B，检测波长为 355nm。

3.2.8　高通量测序

凝胶小球用高速搅拌机打碎混匀使微生物释放出来，污泥直接采集放入 2mL 的灭菌离心管中，用 PBS 缓冲液清洗。分析前一直在 -20℃下冷藏。微生物群落的产物纯化和高通量测序分析在北京奥维森基因科技有限公司的 IlluminaMiSeq 平台上操作。

3.3　结果与讨论

3.3.1　OTC 的吸附

图 3-1 所示为 OTC 在凝胶小球内部传质性能随时间的变化。可以发现有 β-CD 小球的拟合曲线斜率大于无 β-CD 小球的，有 β-CD 小球的扩散系数与吸附 OTC 的质量分别达到了 $6.1\times10^{-7}\text{cm}^2/\text{s}$ 和 8.1mg/g；而无 β-CD 的凝胶小球这两组数值仅分别为 $4.9\times10^{-7}\text{cm}^2/\text{s}$ 和 7.6mg/g。说明有 β-CD 能够一定程度地增大 OTC 在小球内部的扩散系数，缓解传质阻力较大的问题。除此以外，还发现有 β-CD 可以增加转移到凝胶小球内的 OTC 的量，可能是因为它对有机物强烈的吸附能力。已有研究证明，CD 可以和多种有机物形成主客体包结物。例如，苯甲酸进入内部疏水的 β-CD 孔隙中会被诱导形成 1：1 的轴向主客体的包结物[14]。因此，推测 β-CD 应该能与 OTC 形成包结物。

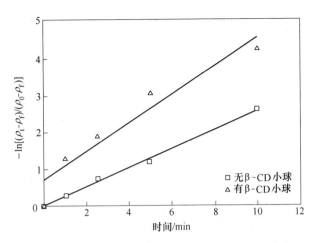

图 3-1 OTC 在凝胶小球内部传质性能随时间的变化

3.3.2 OTC 的生物降解

由于凝胶对 OTC 有强烈的吸附作用,而本研究使用的 OTC 浓度不高,如果采用序批式试验,凝胶小球会大量吸附模拟废水中的 OTC,无法研究其降解效果,因此用连续进水试验来研究 OTC 的生物降解。首先考察了水流流量对 OTC 去除性能的影响,结果见表 3-1。随着流量的减小,出水 OTC 浓度逐渐减小。无 β-CD 小球对 OTC 的去除率从 11% 增长到 33%,有 β-CD 小球对 OTC 的去除率则从 18% 增长到 37%。主要原因是停留时间的增大让凝胶中微生物与污染物接触时间增长,而流量较高、水力停留时间较低时,由于废水中的 OTC 没有充分被吸附,也没有充分进入包埋颗粒内部,因此去除率相对较低。靖丹枫等人[15]发现当固定化膜生物反应器的停留时间由 6h 提高到 24h 时,OTC 的去除率由 64% 提高到 75%。

表 3-1 不同条件下 OTC 和 COD 的去除率

流量/L·h^{-1}	m(蔗糖):m(OTC)	流入的 OTC 质量浓度/mg·L^{-1}	OTC 去除率/%		COD 去除率/%	
			无 β-CD 小球	有 β-CD 小球	无 β-CD 小球	有 β-CD 小球
0.91	200:2	2.15	11	18	63	87
0.66	200:2	2.08	17	19	78	90
0.39	200:2	2.25	33	37	83	89

续表 3-1

流量/L·h^{-1}	m(蔗糖):m(OTC)	流入的 OTC 质量浓度/mg·L^{-1}	OTC 去除率/%		COD 去除率/%	
			无 β-CD 小球	有 β-CD 小球	无 β-CD 小球	有 β-CD 小球
0.39	100:2	2.05	43	42	67	77
0.39	50:2	2.05	14	13	40	53
0.39	0:2	2.05	3	4	—	—

另外，对比有 β-CD 小球和无 β-CD 小球，可以看出两种凝胶小球的 OTC 去除率在所有条件下都比较接近，没有较大的差异，仅在高蔗糖和 OTC 的比例条件下，有 β-CD 小球比无 β-CD 小球的 OTC 去除率略高一些。说明能够降解 OTC 的微生物在这两种小球中的生长状态一致，差异不明显的原因可能是 OTC 的浓度较低。但是对于 COD 的生物降解而言，有 β-CD 小球比无 β-CD 小球的 COD 去除率要高（见表 3-1），最大能达到 90%，尤其是在较高水流流量的情况下。这可能与 β-CD 对微生物的保护作用有关，孔德洋等人[16]研究了 CD 对硝基苯的生物降解的影响，发现 CD 可以提高降解菌对硝基苯的耐受浓度，缩短降解菌的停滞时间，促进降解菌的生长，加快硝基苯的降解。但是本研究中并没有发现 β-CD 对 OTC 降解有明显的促进作用，或许经过长时间驯化培养后，β-CD 小球能促进 OTC 的降解。

OTC 属于难生物降解的有机物，降解机理属于共代谢，因此评估了蔗糖与 OTC 质量比对 OTC 去除率的影响（见表 3-1）。随着蔗糖与 OTC 质量比的减小，出水 OTC 的浓度增加，OTC 的去除率从 42% 显著降低到 4%，这个结果进一步证明了共代谢对 OTC 的降解起主要作用。同样，赵联芳等人[17]发现人工湿地的进水 COD 浓度越高，OTC 的去除率越高，特别是当 COD 浓度大于 400mg/L 时，OTC 的去除率均达到 90% 以上。

3.3.3 微生物活性

表 3-2 汇总了活性污泥，有 β-CD 和无 β-CD 小球中微生物的呼吸速率。从表 3-2 中可以看出，包埋能显著增加微生物的呼吸速率，即微生物活性，如包埋小球的比内源呼吸速率和最大比外源呼吸速率都远大于活性污泥。可以发现，当以 OTC 作为唯一碳源时，包埋小球的比内源呼吸速率和最大比外源呼吸速率差异不大，说明微生物并没有较强的能力以 OTC 作为碳源进行外源

呼吸作用，这与表 3-1 中较低的 OTC 去除率一致；同时 2mg/L 的 OTC 也没能对被凝胶包埋的微生物产生强烈抑制作用。在加入蔗糖基质后，被包埋的微生物的最大比外源呼吸速率有了极大的提高，主要原因是微生物开始大量利用容易降解的碳源进行呼吸作用，这一现象与表 3-1 中较高的 COD 去除效率一致。表 3-2 显示，当 OTC 和蔗糖质量比为 2∶200 时，有 β-CD 小球的最大比外源呼吸速率为 1.22mg/(g·h)，无 β-CD 小球的为 0.61mg/(g·h)，速率最低的是活性污泥，仅为 0.07mg/(g·h)。说明加入 β-CD 可以显著增加微生物的活性，这可能是由于 β-CD 对包埋的微生物起到一些保护作用。例如，Chen 等人[18]对比了含环糊精和不含环糊精的超支化聚酰胺水凝胶材料的细胞毒性，发现将环糊精通过共价键引入超支化聚酰胺降低了凝胶材料对细胞的毒性。β-CD 对于能降解 OTC 的微生物的促进作用并不明显，可能是由于较短的驯化时间。

表 3-2　活性污泥 (SS)、有 β-CD 和无 β-CD 小球的比内源和最大比外源呼吸速率对比

样品	生物量/g·L^{-1}	比内源呼吸速率/mg·(g·h)$^{-1}$	最大比外源呼吸速率/mg·(g·h)$^{-1}$	
			基质 A	基质 B
SS	3.17	0.01	0.01	0.07
无 β-CD 小球	0.36	0.19	0.22	0.61
有 β-CD 小球	0.36	0.11	0.22	1.22

注：基质 A 仅以 OTC 为碳源；基质 B 以 OTC 和蔗糖（质量比为 2∶200）为碳源。

3.3.4　微生物多样性分析

活性污泥、有 β-CD 和无 β-CD 小球的微生物群落多样性指数见表 3-3。活性污泥中发现的原核微生物种类最多，Shannon 指数和 Chao1 指数说明活性污泥的微生物群落多样性最高，其次是有 β-CD 小球的，而无 β-CD 的凝胶小球微生物多样性最低。原因可能是经过微生物固定化技术淘汰了一些活性污泥中的微生物，因为包埋的过程中需要经历一段低温和高渗透压的条件。有 β-CD 凝胶小球由于 β-CD 的添加，对微生物的活性保持具有一定的促进作用[13]，因此微生物多样性相对较高。Coverage 指数表示样品的覆盖度，3 组 Coverage 指数数值均在 0.99 以上，表明样本中序列没有被测出的概率较低。

表 3-3　活性污泥（SS）、有 β-CD 和无 β-CD 小球的微生物群落多样性指数

样品	DNA 序列	OTUs	Shannon 指数	Chao1 指数	Coverage 指数
SS	71010	345	6.12	355.40	0.9991
无 β-CD 小球	86219	185	4.78	192.72	0.9992
有 β-CD 小球	76036	229	4.78	236.25	0.9989

注：OTUs 为可操作分类单元。

活性污泥、无 β-CD 小球和有 β-CD 小球包埋的微生物门水平上的相对丰度如图 3-2 所示。按照相对丰度由大到小的排列顺序如下：变形菌门（*Proteobacteria*）＞ 拟杆菌门（*Bacteroidetes*）＞ 放线菌门（*Actinobacteria*）＞ *Saccharibacteria* 等。变形菌门在 3 种样品中都处于优势菌，包埋小球中变形菌门的数量较活性污泥有所增加，其在有 β-CD 小球、无 β-CD 小球和活性污泥中所占比例依次为 66.30%、62.95%、48.37%。这与李帅[19]的研究一致，他发现在抗生素的作用下，变形菌门丰度明显上升。另外，吴颖[20]发现变形菌门和放线菌门都能够携带抗性基因。本研究发现在抗生素逆境的胁迫下，包埋小球中上述携带抗性基因的菌门数量有所增加，而其他菌门的数量有所减少（如图 3-2 所示）。拟杆菌门也是一类常见的抗生素耐药菌[21]，本研究也发现它主要存在于无 β-CD 凝胶小球中，其次是活性污泥，含量最少的是

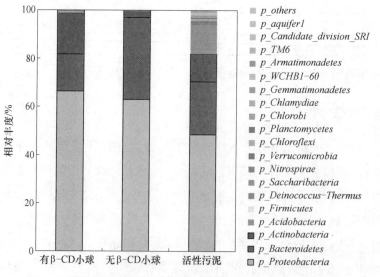

图 3-2　活性污泥、有 β-CD 和无 β-CD 小球的微生物门水平的相对丰度（显示丰度大于 0.1‰的门）

扫一扫看彩图

β-CD 凝胶小球，所占比例依次为 33.96%、21.92% 和 15.47%。

为了深入研究微生物群落组成，对比了活性污泥、无 β-CD 小球和有 β-CD 小球包埋微生物属水平的微生物相对丰度，结果如图 3-3 所示。由图可以发现，3 种样品属水平的微生物各不相同，在有 β-CD 小球中，棒状杆菌属（*Corynebacterium*）、不动杆菌属（*Acinetobacter*）、*Alicycliphilus*、*Flavihumibacter* 和假黄单胞菌属（*Pseudoxanthomonas*）含量较多，分别为 16.42%、10.11%、7.21%、6.84% 和 6.00%。有研究表明，棒状杆菌在好氧条件下具有较强的降解抗生素药物中间体的能力，废水 COD 的去除率达到 37.8%[22]，与本研究的 40% 左右的 OTC 去除率一致，不动杆菌属也被报道会对常用抗生素产生耐药性[23]。无 β-CD 小球中的主要菌属为 *Flavihumibacter*，占比 22.53%，其次是嗜酸菌属（*Acidovorax*），占 6.16%，最后是假黄单胞菌属，占 6.00%，然而关于这些菌群抗生素耐药性的研究不多，作者推测这些菌群可能也具有一定的耐药性和抗生素降解性能，还需要从抗性基因方面深入研究。活性污泥中的优势菌属相对于凝胶小球则完全不同，分别为鞘脂菌属（*Sphingobium*）、*Nakamurella*、*Ferruginibacter*，占比依次为 8.59%、8.18% 和 7.98%。因此，通过属水平分析可知，活性污泥被凝胶包埋后在抗生素胁迫条件下，微生物群落有了很大变化，而且 β-CD 的加入也能改变凝胶小球内部的微生物群落，β-CD 小球含有较多的抗药性微生物菌属。

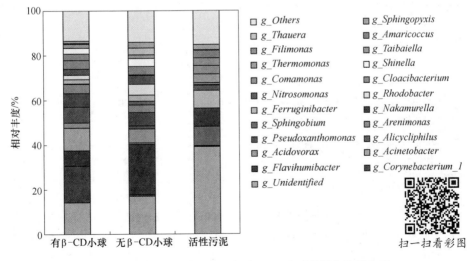

图 3-3　活性污泥、有 β-CD 和无 β-CD 小球的微生物属水平的相对丰度（显示丰度大于 0.1% 的属）

总之，凝胶小球对于 OTC 有较高的吸附性能，也会大大促进微生物的活性，对包埋的微生物起到保护作用。有 β-CD 小球与无 β-CD 小球在 OTC 的降解方面基本没有差别，但是在 COD 的降解方面差别比较大（见表 3-1），推测这一现象与 β-CD 包埋的凝胶小球的吸附性能和微生物活性、群落组成的特性有关。在本研究中，β-CD 主要影响的并不是降解 OTC 的微生物，而是其他的异养型的微生物。

3.4 结论

（1）凝胶小球对 OTC 有很好的吸附效果，在添加 CD 后吸附效果更加明显，能够增大传质系数和吸附量。

（2）OTC 的生物降解属于共代谢，并且随着流量的降低，出水 OTC 浓度逐渐减小。有 β-CD 小球和无 β-CD 小球的 OTC 去除率差异不大，而在 COD 去除效果和生物活性方面，有 β-CD 小球的表现更好。

（3）高通量测序结果显示，凝胶小球比活性污泥的微生物多样性要小，变形菌门（*Proteobacteria*）是丰度最高的门，而 3 种样品属水平的微生物各不相同，有 β-CD 小球中的棒状杆菌属（*Corynebacterium*）、不动杆菌属（*Acinetobacter*）是报道较多的抗生素耐药菌。

参 考 文 献

[1] Hanay Ö, Yıldız B, Aslan S, et al. Removal of tetracycline and oxytetracycline by microscale zerovalent iron and formation of transformation products [J]. Environmental Science and Pollution Research, 2014, 21 (5): 3774~3782.

[2] Wu N, Qiao M, Zhang B, et al. Abundance and diversity of tetracycline resistance genes in soils adjacent to representative swine feedlots in China [J]. Environmental Science & Technology, 2010, 44 (18): 6933~6939.

[3] Zhu G L, Hu Y Y, Wang Q R. Nitrogen removal performance of anaerobic ammonia oxidation co-culture immobilized in different gel carriers [J]. Water Science and Technology, 2009, 59 (12): 2379~2386.

[4] 石广辉, 刘青松, 张旭丰, 等. 包埋固定化微生物技术在水产养殖水处理领域的研究进展 [J]. 水处理技术, 2015 (9): 28~32.

[5] 刘帅,张培玉,曲洋,等. 包埋法固定化微生物技术中的载体选择及在污水生物处理中的应用 [J]. 河南科学, 2009, 27 (5): 554~558.

[6] 庞胜华,刘德明,邱凌峰. 包埋法处理抗生素废水的试验研究 [J]. 环境污染与防治, 2006, 28 (5): 340~342.

[7] 雍国平,李光水,郑飞,等. β-环糊精包合物的结构研究 [J]. 高等学校化学学报, 2000, 21 (7): 1124~1126.

[8] Oishi K, Moriuchi A. Removal of dissolved estrogen in sewage effluents by β-cyclodextrin polymer [J]. Science of the Total Environment, 2010, 409 (1): 112~115.

[9] Cui Y, Tan M, Zhu A, et al. Strain hardening and highly resilient hydrogels crosslinked by chain-extended reactive pseudo-polyrotaxane [J]. RSC Advances, 2014, 4 (100): 56791~56797.

[10] Alsbaiee A, Smith B J, Xiao L, et al. Rapid removal of organic micropollutants from water by a porous β-cyclodextrin polymer [J]. Nature, 2016, 529 (7585): 190~194.

[11] Wu N, Li X, Huang G, et al. Adsorption and biodegradation functions of novel microbial embedding polyvinyl alcohol gel beads modified with cyclodextrin: A case study of benzene [J]. Environmental Technology, 2018, doi: 10.1080/09593330.2018.1435727.

[12] Bai X, Ye Z, Li Y, et al. Preparation of crosslinked macroporous PVA foam carrier for immobilization of microorganisms [J]. Process Biochemistry, 2010, 45 (1): 60~66.

[13] Chen K C, Lee S C, Chin S C, et al. Simultaneous carbon-nitrogen removal in wastewater using phosphorylated PVA-immobilized microorganisms [J]. Enzyme and Microbial Technology, 1998, 23 (5): 311~320.

[14] Belyakova L A, Varvarin A M, Khora O V, et al. The interaction of β-cyclodextrin with benzoic acid [J]. Russian Journal of Physical Chemistry A, Focus on Chemistry, 2008, 82 (2): 228~232.

[15] 靖丹枫,贾仁勇,白新征,等. 固定化膜生物反应器处理含抗生素污水 [J]. 环境工程学报, 2012, 6 (5): 1495~1499.

[16] 孔德洋,高士祥,林志芬,等. 环糊精对硝基苯微生物降解的影响 [J]. 中国环境科学, 2004, 24 (5): 576~578.

[17] 赵联芳,谭少文,张鹏英,等. 人工湿地处理四环素类抗生素废水时有机碳源的影响 [J]. 水资源保护, 2016, 32 (6): 70~74.

[18] Chen Y, Zhou L, Pang Y, et al. Photoluminescent hyperbranched poly (amido amine) containing β-cyclodextrin as a nonviral gene delivery vector [J]. Bioconjugate Chemistry, 2011, 22 (6): 1162~1170.

[19] 李帅. 海水养殖废水中抗生素与生物处理工艺的相互作用研究 [D]. 北京:中国科

学院大学, 2016.

[20] 吴颖. 污泥两相厌氧消化过程中抗生素抗性基因行为特征研究 [D]. 杭州：浙江大学, 2016.

[21] 何势. 曝气生物滤池中环丙沙星去除行为及其对降解菌群抗药性的诱导作用 [D]. 上海：东华大学, 2016.

[22] 贾漫珂, 邹嫚, 王晓星, 等. 一种棒状杆菌对抗生素药物中间体废水的降解研究 [J]. 三峡大学学报：自然科学版, 2013, 35 (5)：105~108.

[23] 黄艳飞, 陈群. 不动杆菌属细菌耐药机制的研究进展 [J]. 微生物与感染, 2003, 26 (5)：26~28.

4 凝胶与塑料填料复合载体在传统脱氮领域的应用

4.1 引言

净化槽是一种一体化的生物膜反应器，由于其结构紧凑、能耗低、产生污泥少、易于维护等优点，广泛应用于中国和日本的小城镇和散居地区的污水处理。目前对有机物去除研究较多，而关于脱氮的研究却很少。实际上，通过灵活地改变曝气条件，也可以在净化槽中设计3个独立区域进行脱氮。常规净化槽去除有机物的曝气条件一般为厌氧—好氧—好氧，因此其脱氮能力有限。传统的脱氮是通过缺氧-好氧工艺（A/O）完成的，硝酸盐在好氧和缺氧区之间循环。然而，水循环无疑会增加净化槽的不稳定性和运行成本。因此，需要改进净化槽的操作和填料，才能实现高效脱氮。

固定化技术通过目标微生物与包埋剂交联来制备凝胶载体，具有密度高、停留时间长、固液相易于分离等优点。因此，固定化技术有利于同步硝化反硝化（SND）工艺的实现。例如，Ho等人[1]利用聚乙烯醇（PVA）在硅胶管表面包埋硝化反硝化细菌，缩短了生物的驯化时间。Qiao等人[2]将部分硝化和厌氧氨氧化生物质联合固定，平均总氮去除率达到了77%。除了传统的包埋剂外，作者之前还利用β-环糊精对PVA和海藻酸钠（SA）凝胶珠改性，极大地提高了SND效率[3]。本研究也采用这种新型包埋剂，将固定化技术与常规生物膜相结合，目的是开发一种新型净化槽，通过固定化技术提高脱氮性能。在净化槽的两个独立区域内，在分段进料条件下进行了长期连续进料试验和间歇脱氮试验。间歇曝气是为了增强微生物反硝化作用，同时也对净化槽的水力行为进行了研究；最后，在常规载体 Kaldnes K1® 上引入 PVA-SA 凝胶形成强化微生物。

4.2 材料和方法

4.2.1 反应器的设置和运行

净化槽的示意图如图4-1所示。净化槽由有机玻璃制成的三个独立的区组成。净化槽总容积为30L（长、高、宽分别为40cm、30cm、25cm），1区、2区、3区容积分别为11L、11L和8L。利用入口和出口之间的高度差可以实现水从前一个区域到后一个区域的自流。进水被均匀地分为两部分进入净化槽，即1区和2区进水流量为0.5L/h。通过空气泵每小时交替开关30min来实现间歇曝气条件。Kaldnes K1®的塑料环作为池中生物膜生长的填料。

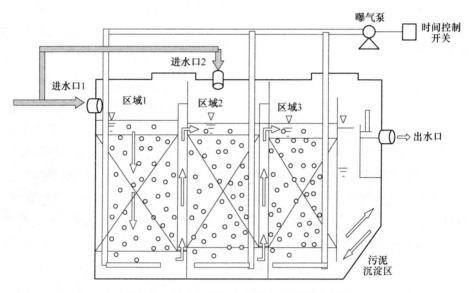

图4-1 试验室规模净化槽反应器的示意图

模拟废水由100mg/L NH_4Cl-N、蔗糖、27mg/L KH_2PO_4、500mg/L $NaHCO_3$、180mg/L $CaCl_2 \cdot 2H_2O$ 和300mg/L $MgSO_4 \cdot 7H_2O$ 组成。在模拟废水中加入1mL微量元素，其中包含625mg/L EDTA、190mg/L $NiCl_2 \cdot 6H_2O$、430mg/L $ZnSO_4 \cdot 7H_2O$、220mg/L $NaMoO_4 \cdot 2H_2O$、240mg/L $CoCl_2 \cdot 6H_2O$、990mg/L $MnCl_2 \cdot 4H_2O$ 和250mg/L $CuSO_4 \cdot 5H_2O$。COD/NH_4^+-N比（缩写为C/N比）分别为0.5、1和2。模拟废水为自养菌和异养菌的生长提供氮和有机碳。最后，采用净化槽对天津科技大学学生公寓收集的生活污水进行处理，COD平均浓度为153mg/L，NH_4^+-N 平均浓度为104mg/L，TP平均浓度为6.1mg/L。

连续培养120天，前30天、30~60天、60~90天营养液C/N比分别保持在0.5、1和2。最后用净化槽对真实污水进行90~120天的处理。好氧池DO值控制在1.2~2.2mg/L，缺氧池DO值控制在0.1~0.4mg/L。除连续进水试验外,还在净化槽的1区和2区进行了序批试验。首先,排干这两个区域的水,注入新的模拟废水,然后定期监测NH_4^+、NO_2^-和NO_3^-的浓度。

4.2.2 物化分析

水样的温度和溶解氧(DO)用DO计,pH值用pH计进行测量。硝酸盐和铵由NH_4^+和NO_3^-电极检测。然后,用0.45μm孔径(Millipore,USA)的膜过滤样品,然后用比色法检测NO^{2-}和可溶性COD(sCOD)浓度。NH_4^+-N、NO_3^--N和NO_2^--N的总和被定义为总无机氮(TIN)。

4.2.3 固定化方法

采用2W/V%~7W/V%PVA、2W/V%SA和1W/V%β-环糊精配制微生物固定化凝胶。将这些化合物的混合物用90℃的水浴加热,然后冷却到35℃。将涂有生物膜的Kaldnes载体浸入凝胶溶液中数分钟,然后取出静置,直到没有凝胶滴出。将Kaldnes载体上的凝胶交联在饱和硼酸和2W/V% $CaCl_2$的固化液中,4℃下保存24h。在用于废水处理前,用蒸馏水多次洗涤改性的Kaldnes载体。进行序批脱氮试验,以确定PVA的最佳浓度,并将最佳浓度制备的固定化载体分别在−20℃和4℃下保存1个月,比较其脱氮性能恢复能力和微生物活性。

4.3 结果与讨论

4.3.1 净化槽脱氮性能

图4-2所示为进水总无机氮(TIN)的变化,合成废水和实际污水在不同碳氮比(0.5、1和2)下的出水NH_4^+-N和NO_3^--N浓度。在整个运行期间,当进水TIN浓度在100mg/L左右时,进水C/N比随着COD浓度的变化而变化。在出水中检测到的亚硝酸盐非常低(小于1.0mg NO_2^--N)。模拟废水培养时出水NO_3^--N浓度始终低于9.9mg/L,而实际污水出水NO_3^--N含量在12.0~19.8mg/L之间。然而,在用模拟废水和真实污水培养条件下,出水NH_4^+-N分别为68.9~18.8mg/L和14.0~33.9mg/L。因此,可以得出在净化槽中同时发生硝化和反硝化反应。Münch等人[4]提出,在小规模的序批式反应器中当硝化和反硝化速率处于平衡,没有大量的NO_3^-和NO_2^-产生时,高效的SND过程

就会发生。Wang 等人[5]对低 C/N 废水同步硝化和内源性反硝化进行了研究，结果显示出水 NH_4^+-N 浓度下降到 1.1mg/L，而 NO_2^--N 和 NO_3^--N 浓度略有上升，分别为 4.4mg/L 和 5.3mg/L。另外需要强调的是，合成废水转化为实际生活污水时，出水 NH_4^+-N 浓度仍然较低，而出水 NO_3^--N 浓度增加到 19.8mg/L。原因可能是实际生活污水中的有机物成分不同于合成废水中的蔗糖，影响了反硝化效率。

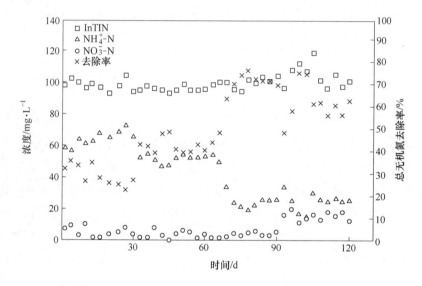

图 4-2　净化槽中采用三种碳氮比条件下的模拟废水和真实污水进水总无机氮
（TIN）（□）、NH_4^+-N（△）、出水硝态氮（○）和 TIN 去除率（×）的变化

出水 NH_4^+-N 浓度随碳氮比的增加而降低。C/N 比为 2 时，NH_4^+-N 的平均去除率最高，达到 81.5%，出水 NH_4^+-N 浓度约为 18.8mg/L，亚硝酸盐和硝酸盐浓度较小。因此，模拟废水和真实污水的 TIN 平均去除率分别达到 72.7% 和 63.3%。研究的结果与 Xia 等人[6,7]的研究一致，在高 C/N 的比例 10∶1 条件下总氮去除能力良好，而 C/N 比 3∶1 时脱氮效率低是由于缺乏有机碳化合物用作电子供体。根据 Pochana 和 Keller[8]的研究，在碳不足条件下，硝化和反硝化速率不相等，导致 SND 过程效率低下。因此，在一个反应器中实现高效脱氮的关键在于控制硝化与反硝化的平衡[9]。具体来说，高的 C/N 比是实现 SND 过程的重要因素，由于自养生物和异养生物之间竞争加剧，可能抑制硝化作用，而低的 C/N 比由于缺乏电子供体源，抑制反硝化作用。

此外，在净化槽的 1 区和 2 区进行了序批试验，研究了生物脱氮的动力学。图 4-3 所示为 1 区和 2 区 NH_4^+-N、NO_3^--N 和 NO_2^--N 浓度随处理时间的变化。与长期连续进水试验一样,没有检测到显著的 NO_3^--N 和 NO_2^--N (0~5.6mg/L),证实了 SND 的存在。净化槽 1 区的 NH_4^+ 浓度在 7h 内从 192mg/L 降至 123mg/L,2 区 NH_4^+ 浓度从 205mg/L 降至 89mg/L。NH_4^+ 去除率可以通过 NH_4^+-N 浓度随时间变化的曲线斜率来确定。用零级动力学和 NH_4^+-N 去除率拟合 NH_4^+ 去除曲线,区域 1 和区域 2 的 NH_4^+-N 去除率分别达到 9.4mg/(L·h) 和 15.4mg/(L·h)(如图 4-3 所示)。根据净化槽中生物浓度为 0.1gVSS/L,1 区和 2 区 NH_4^+ 的最大去除率 (r) 分别为 2.3gN/(gVSS·d) 和 3.7gN/(gVSS·d)。这些动力学值与 3~10gNH$_4^+$-N/(gVSS·d) 之间的典型 r 范围相符合[10]。Lin 等人[11] 研究了移动固定床生物膜反应器中氮的动力学,计算出硝化反应的 r 值为 3.8g NH_4^+-N/(gVSS·d)。

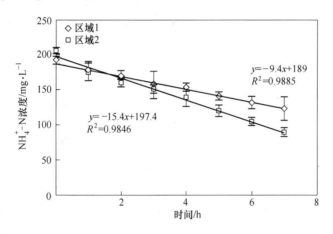

图 4-3 净化槽 1 区 (◇) 和 2 区 (□) 对 NH_4^+ 随时间变化的去除效果

4.3.2 复合凝胶载体脱氮性能

图 4-4 所示为不同 PVA 浓度(2%和7%)的 Kaldnes 载体在序批试验中对 NH_4^+ 和 NO_3^- 的去除性能。在整个试验过程中 NO_3^--N 浓度非常低,另外生物降解 NH_4^+ 动力学符合零阶模型,PVA 浓度为 2%和 7%时,NH_4^+ 的最大去除率分别为 5.7mg/(L·h) 和 3.2mg/(L·h)。2% PVA 浓度的复合凝胶载体的硝化效率高于 7% PVA 浓度的载体,这可能是由于 2% PVA 凝胶中营养物质传质阻力较低所致。Benyahia & Polomarkaki[12] 的研究发现,游离亚硝基单胞

菌对基质的扩散阻力可以忽略,但用海藻酸凝胶固定的亚硝基单胞菌的内部传质阻力却很明显。他们认为,藻酸盐凝胶中氧气的有效扩散率估计保持在 $8.7×10^{-9} m^2/s$ 左右。此外,复合载体对 NH_4^+ 的最大去除率低于 Kaldnes 塑料载体上的生物膜,这可能是由于固定化过程对微生物活性产生了负面影响。Duan[13] 报道了悬浮污泥的耗氧速率高于 PVA-SA 凝胶载体内的被包埋微生物,其原因与凝胶载体的传质阻力和硼酸的毒性有关。与常规 Kaldnes 塑料载体的净化槽中较低的 NO_2^- 和 NO_3^- 浓度不同,复合载体的净化槽 NO_2^- 在前 3h 内显著增加,显示出强烈的部分硝化作用。然而,由于固定化生物膜内部的反硝化作用,3h 后 NO_2^--N 没有显著增加。同样,Chen 等人[14,15] 用 PVA 凝胶小球包埋活性污泥和反硝化污泥,能够有效去除 COD,TN 去除率达到 85% 以上。Zeng 等人[3] 制备了添加 CD 的凝胶小球,氮去除率高,氮去除速率分别为 85.4% 和 2.08mg/(L·h)。同时,出水 NO_3^- 和 NO_2^- 浓度可以忽略,证明了同步硝化和反硝化的发生。总之,本研究发现 2%PVA 浓度是制备凝胶与塑料填料复合载体的最佳 PVA 浓度。

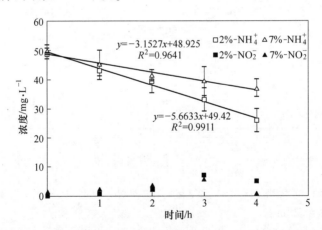

图 4-4 不同 PVA 浓度的凝胶与塑料填料复合载体的序批脱氮试验

(△ 和 ▲ 是 7%PVA 载体的 NH_4^+-N 和 NO_2^--N 平均浓度,

□ 和 ■ 是 2%PVA 载体的 NH_4^+-N 和 NO_2^--N 平均浓度)

4.3.3 复合载体的储存和恢复

为了探究微生物在复合载体中的微生物活性,我们检测了被包埋微生物的比内源呼吸速率和最大比外源呼吸速率,结果见表 4-1。首先考察了 PVA

浓度对微生物活性的影响。结果表明,低PVA浓度下微生物活性强,呼吸速率高,即比内源性、最大比外源自养和最大比外源异养呼吸速率分别为163.64mg/(gVSS·h)、673.45mg/(gVSS·h)和1006.55mg/(gVSS·h)。将含2% PVA凝胶Kaldnes复合载体分别在4℃和-20℃保存1个月,然后通过加入模拟废水进行脱氮性能恢复效果的评估,表4-1总结了1个月前后的凝胶复合载体的微生物呼吸速率。可以明确的是,虽然比内源呼吸速率和最大比外源呼吸速率大大降低,但通过营养物的补充,培养基中仍有一定的微生物活性。在4℃和-20℃下储存的微生物活性的差异非常小。

表4-1 凝胶复合载体在25℃下的比内源和最大比外源呼吸速率

(mg/(gVSS·h))

项　目	PVA浓度/%	比内源性呼吸速率	最大比自养外源呼吸速率	最大比异养外源呼吸速率
储存前的包埋微生物	7	76.91	229.64	372.73
	2	163.64	673.45	1006.55
4℃储存1个月后的微生物	2	73.64	180.91	260.91
-20℃储存1个月后的微生物	2	45.09	130.91	278.73

图4-5(a)所示为2%PAV凝胶复合载体的3种TIN去除性能,该载体在4℃下储存1个月,然后通过加入模拟废水再储存1个月来恢复脱氮效果。显然,NH_4^+-N浓度在12h内从113mg/L下降到3.1mg/L,其去除效率为97.3%。通过拟合NH_4^+变化曲线,计算出NH_4^+的去除率为11.9mgN/(L·h),高于净化槽1区无凝胶包埋的生物膜对NH_4^+的去除率,证明了微生物固定化技术能够强化生物去除污染物的功能;同时,NO_2^--N浓度在7.5h时上升至42.5mg/L,随后下降至27mg/L,NO_3^--N浓度相应上升至25.5mg/L;最后,TIN浓度从125.5mg/L降至55.6mg/L,去除率为55.7%。这一现象表明,在最初的7.5h内发生了明显的部分硝化和反硝化作用;此后,由于有水力停留时间长和缺乏反硝化所需的有机来源,硝酸盐不断产生。在-20℃储存后的载体中也出现了类似的现象(如图4-5(b)所示)。NH_4^+-N浓度在12h内从98.0mg/L降至1.6mg/L,去除率为98.4%。通过拟合NH_4^+变化曲线,计算出最大NH_4^+去除率为9.3mgN/(L·h)。与4℃储藏的载体相比,在-20℃条件下NH_4^+去除率的下降是由于储藏温度低。同时,NO_2^--N浓度在5.5h时上升至39.0mg/L,随后下降至13.3mg/L,NO_3^--N浓度相应上升至25.0mg/L。最后,TIN浓

度从 101.7mg/L 降至 39.9mg/L，去除率为 60.8%。总之，利用微生物固定化技术可成功维持和改善 Kaldnes 载体上生物膜的脱氮功能。

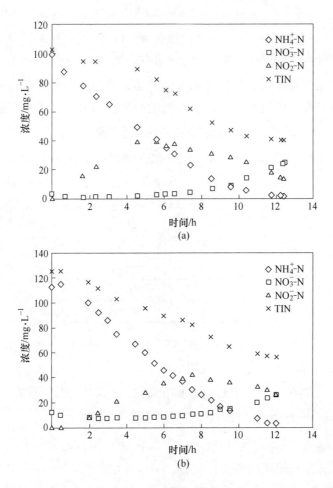

图 4-5　在 4℃（a）和 -20℃（b）条件下储存的凝胶复合载体的脱氮功能恢复效果对比

4.4　结论

虽然固定化技术由于凝胶中的传质阻力降低了 NH_4^+ 的最大去除率，但它仍然可以通过保持微生物的活性来帮助微生物活性快速恢复，而且复活后的复合载体具有最大 NH_4^+ 去除率。总的来说，在净化槽中可以通过微生物固定化技术建立同步硝化反硝化工艺，并保持良好的脱氮能力。

参 考 文 献

[1] Ho C M, Tseng S K, Chang Y J. Simultaneous nitrification and denitrification using an autotrophic membrane-immobilized biofilm reactor [J]. Letters in Applied Microbiology, 2002, 35 (6): 481~485.

[2] Qiao Sen, Tian Tian, Duan Xiumei, et al. Novel single-stage autotrophic nitrogen removal via co-immobilizing partial nitrifying and anammox biomass [J]. Chemical Engineering Journal, 2013, 230 (16): 19~26.

[3] Zeng Ming, Li Ping, Wu Nan, et al. Preparation and characterization of a novel microorganism embedding material for simultaneous nitrification and denitrification [J]. Frontiers of Environmental Science & Engineering, 2017, 11 (6): 15.

[4] Münch Elisabeth V, Lant Paul, Keller Jürg. Simultaneous nitrification and denitrification in bench-scale sequencing batch reactors [J]. Water Research, 1996, 30 (2): 277~284.

[5] Wang Xiaoxia, Wang Shuying, Zhao Ji, et al. Combining simultaneous nitrification-endogenous denitrification and phosphorus removal with post-denitrification for low carbon/nitrogen wastewater treatment [J]. Bioresource Technology, 2016, 220: 17~25.

[6] Xia Siqing, Li Junying, Wang Rongchang. Nitrogen removal performance and microbial community structure dynamics response to carbon nitrogen ratio in a compact suspended carrier biofilm reactor [J]. Ecological Engineering, 2008, 32 (3): 256~262.

[7] Xia Y, Kong Y, Thomsen T R, et al. Identification and ecophysiological characterization of epiphytic protein-hydrolyzing saprospiraceae ("*Candidatus Epiflobacter*" spp.) in activated sludge [J]. Applied & Environmental Microbiology, 2008, 74 (7): 2229~2238.

[8] Pochana Klangduen, Keller Jürg. Study of factors affecting simultaneous nitrification and denitrification (SND) [J]. Water Science & Technology, 1999, 39 (6): 61~68.

[9] Zhang Xiuhong, Zhou Jiti, Guo Haiyan, et al. Nitrogen removal performance in a novel combined biofilm reactor [J]. Process Biochemistry, 2007, 42 (4): 620~626.

[10] Eddy Metcalf, David Stensel H, George Technobanoglous, et al. Wastewater Engineering: Treatment, Disposal, Reuse [J]. McGraw-Hill Series in Water Resources and Environmental Engineering, 1991, 73 (1): 50~51.

[11] Lin Yenhui. Kinetics of nitrogen and carbon removal in a moving-fixed bed biofilm reactor [J]. Applied Mathematical Modelling, 2008, 32 (11): 2360~2377.

[12] Benyahia F, Polomarkaki R. Mass transfer and kinetic studies under no cell growth conditions in nitrification using alginate gel immobilized Nitrosomonas [J]. Process Biochemistry, 2005, 40 (3~4): 1251~1262.

[13] Duan X M. The Anammox activity enhancement by low intensity ultrasound and co-immobilized with partial nitrifying sludge for autotrophic nitrogen removal [D]. Dalian: Dalian University of Technology, 2012 (in Chinese).

[14] Chen Y, Zhou L, Pang Y, et al. Photoluminescent hyperbranched poly (amido amine) containing β-cyclodextrin as a nonviral gene delivery vector [J]. Bioconjug Chem, 2011, 22 (6): 1162~1170.

[15] Chen Yan, Wang Yingjun, Fan Minghao, et al. Preliminary study of shortcut nitrification and denitrification using immobilized of mixed activated sludge and denitrifying sludge [J]. Procedia Environmental Sciences, 2011, 11 (1): 1171~1176.

5 凝胶与塑料填料复合载体在新型脱氮领域的应用

5.1 引言

传统的生物脱氮技术是通过氨氧化菌（AOB）和亚硝酸盐氧化菌（NOB）的硝化作用，以及异养反硝化菌（HB）的反硝化作用来实现。然而，近年来，厌氧氨氧化（anammox）作为一种很有前景的城市污水脱氮技术应运而生[1]。在传统的硝化/反硝化方法的基础上，研究人员开发了氨氧化菌、厌氧氨氧化菌和异养反硝化菌共存的同步部分硝化—厌氧氨氧化—反硝化（simultaneous partial nitrification, anammox and denitrification, SNAD）工艺[2]，然而，这一过程需要很好地调节这些氮循环参与者之间的竞争和共生关系。采用该工艺，首先，氨氧化菌利用氧气将 NH_4^+ 部分转化为 NO_2^- 并产生缺氧条件；随后，厌氧氨氧化细菌在缺氧条件下将 NH_4^+ 和 NO_2^- 转化为 N_2 和 NO_3^-；最后，异养反硝化菌利用有机碳（COD）将残余 NO_3^- 还原为 N_2。通常采用低溶解氧间歇曝气的方式来实现 SNAD 工艺[3,4]。

目前，以厌氧氨氧化为基础的城市污水处理技术，也被称为主流的 anammox 技术，因其具有能量中和的优点而成为研究热点。然而，该技术仍存在许多缺点，比如，低温降低了自养菌的生长速度，尤其是冬季；进水 C/N 比过高，抑制了自养微生物的生长；至少存在 4 种不同的微生物，对各种营养物质和生存空间的竞争使它们的共生非常困难，从而降低了系统的稳定性[5]。解决上述问题的关键是保持这些微生物的高度共生状态和协同脱氮。建议的替代方案包括抑制 NOB 和促进 AOB 及 anammox 细菌。

在低温条件下，通常需要高浓度的厌氧氨氧化细菌来减轻这种负面影响，一般是以生物膜和颗粒污泥的形式存在[6]。此外，抑制 NOB 是主流厌氧氨氧化工艺成功的关键，通常可以通过保持低溶解氧（DO）和控制不同形态污泥的泥龄两种方式来实现。在溶解氧控制方面，保证序批式反应器的 DO 浓度为

0.2~0.5mg/L，是连续抑制 NOB 增殖、避免硝酸盐积累的基础[7]。在泥龄控制方面，通常采用短泥龄絮体污泥和长泥龄生物膜组成混合反应器，以冲洗 NOB 和 HB，保留 AOB 和 anammox 菌[8]。然而，目前仍然缺乏将不同的微生物分布在载体不同区域，使其互不干扰各自活性的技术。

目前，一些研究尝试在主流条件下使用 SNAD 过程。固定膜活性污泥生物反应器由于其微生物形态的多样性，在生物反应器中起着不同的氮转化作用。生物膜中以厌氧氨氧化菌和异养反硝化菌为主，悬浮污泥中以异养反硝化菌和亚硝酸盐氧化菌为主[9]。还有研究者通过调控生物反应器的运行参数和对反应器进行创新设计，在主流条件下实现了高效的 SNAD 工艺[10,11]。以上研究均采用传统的微生物形态，即活性污泥/生物膜或它们的混合物。

微生物包埋技术具有生物量高、溶解氧低、污泥龄长、反应器启动时间短等优点，在克服低温的负面影响和抑制亚硝酸盐氧化菌等方面具有一定的优势[12,13]。到目前为止，大多数研究试图将不同的脱氮微生物聚集在一个混合聚合物体系中，但仍不能很好地发挥这些微生物的协同作用。在主流条件下，将凝胶包埋技术与各种各样微生物形态相结合，可能会提高厌氧氨氧化工艺的脱氮效果，但目前这方面的研究还较少。

本研究旨在将凝胶包埋技术与传统生物膜形态相结合，以强化 SNAD 工艺中主流条件下的厌氧氨氧化脱氮，即通过在厌氧氨氧化生物膜上涂上包埋在凝胶中的悬浮污泥（简称 BSgel 系统），制备一种新型的微生物载体。我们比较了 BSgel 系统与传统混合系统的脱氮性能；同时，还对脱氮率、复活能力和微生物群落进行评价，并引入了数值模拟方法来预测凝胶膜内的营养成分和微生物群落分布情况。

5.2 材料和方法

5.2.1 固定化技术

在含有厌氧氨氧化生物膜的 Kaldnes® 载体涂上含有好氧活性污泥的凝胶，制备 BSgel 系统。以 4W/V% 或 7W/V% 的聚乙烯醇（PVA）和 2W/V% 的海藻酸钠（SA）为原料（PVA 和 SA 原料购自天津光复精细化工），制备了微生物固定化凝胶。将这些化合物的混合物在 90℃ 的水浴中加热，然后冷却至 35℃；在凝胶中连续添加 2W/V% 的浓缩活性污泥（离心 3500r/min，10min）；将厌氧氨氧化生物膜载体浸泡在含活性污泥的凝胶中 5min，然后放置在铁网上 30min，去除多余的凝胶；随后，将带凝胶的载体在固定化溶液（50% NaNO₃ 和 2%CaCl₂）中交联，在 4℃下保存 24h；最后用蒸馏水多次洗涤载体，用于废水处理试验。

5.2.2 序批试验

进行试验的活性污泥采自天津市某污水处理厂，污泥的挥发性悬浮物（VSS）浓度为 3.2g/L。向一个完全混合反应器（3L）中投加活性污泥后连续运行 3 个月。人工模拟废水的化学组成见表 5-1。考察了有机物对硝化过程的影响。连续进行了 3 次不同有机物浓度（0mg/L、50mg/L 和 100mg/L）试验。溶解氧（DO）浓度维持在（3.0±0.9）mg/L。定期采集液体样品，测定 NH_4^+、NO_2^- 和 NO_3^- 的浓度。

本章通过比较悬浮污泥-厌氧氨氧化生物膜复合系统（简称 BS 系统）和 BSgel 系统的 SNAD 性能，确定最佳系统。在不同操作条件下，通过投加人工废水（成分见表 5-1）进行了无机氮去除的序批试验。为了进一步限制凝胶对 NH_4^+ 的吸收，在批量试验开始时，将 BSgel 系统在人工废水中浸泡 1h，以保证基质凝胶的完全饱和状态。

表 5-1 活性污泥、厌氧氨氧化生物膜和 BSgel 系统序批试验的废水成分

序批试验	人工废水成分
活性污泥	50mg/L NH_4Cl-N，0~100mg/L 蔗糖，27g/L KH_2PO_4，500mg/L $NaHCO_3$，180mg/L $CaCl_2 \cdot 2H_2O$，300mg/L $MgSO_4 \cdot 7H_2O$
厌氧氨氧化生物膜	50mg/L NH_4Cl-N，50mg/L $NaNO_2$-N，27mg/L KH_2PO_4，500mg/L $NaHCO_3$，180mg/L $CaCl_2 \cdot 2H_2O$，300mg/L $MgSO_4 \cdot 7H_2O$；向人工废水中加入微量元素溶液（1mL/L），微量元素溶液含 625mg/L EDTA，190mg/L $NiCl_2 \cdot 6H_2O$，430mg/L $ZnSO_4 \cdot 7H_2O$，220mg/L $NaMoO_4 \cdot 2H_2O$，240mg/L $CoCl_2 \cdot 6H_2O$，990mg/L $MnCl_2 \cdot 4H_2O$，250mg/L $CuSO_4 \cdot 5H_2O$
BSgel 系统	50mg/L NH_4Cl-N，100mg/L 蔗糖，27mg/L KH_2PO_4，500mg/L $NaHCO_3$，180mg/L $CaCl_2 \cdot 2H_2O$，300mg/L $MgSO_4 \cdot 7H_2O$；向人工废水中加入微量元素溶液（1mL/L），成分同上

然后在被选出来的性能比较优秀的系统中，测试了 3 种温度（25℃、20℃和 15℃）和两种进水 COD 浓度（50mg/L 和 100mg/L）对脱氮性能的影响。在一个 200mL 圆筒形容器中进行分批试验，将 DO 浓度控制在（0.4±

0.1）mg/L 左右。温度由冷却器和水浴盖精确控制，偏差为 0.2℃。定期收集液体样品，以检测 NH_4^+、NO_2^- 和 NO_3^- 的浓度。

5.2.3 保存和复活试验

为了评价 BSgel 体系的复活能力，将 SNAD 工艺序批试验后的表面负载 4% PVA 凝胶的载体放在 40%甘油中，−20℃保存 30 天。然后将载体在 10℃和 20℃逐步重新激活。采用与之前 SNAD 批次试验相同的人工废水连续投加一周后，通过批次试验比较了原始 BSgel 体系和复活后 BSgel 体系的脱氮性能。

5.2.4 理化分析

采用溶解氧测定仪和 pH 计测定温度、DO 和 pH 参数。NH_4^+ 和 NO_3^- 浓度的测定通过使用 NH_4^+ 和 NO_3^- 探针进行在线测量。根据标准方法（APHA, 1992），通过 0.45μm 膜过滤水样后，用比色法测定 NO_2^- 浓度。总无机氮（TIN）等于 NH_4^+-N、NO_2^--N 和 NO_3^--N 之和。

利用式（5-1）和式（5-2）计算了比 NO_2^- 积累率、比 NO_3^- 生成率（SR_{NO_x}）和比 NH_4^+ 利用率（SR_{NH_4}）。从 SR_{NH_4} 中提取 SR_{NO_x}，计算了总无机氮的比去除率。

$$SR_{NO_x} = \frac{C_{NO_x\text{-out}} - C_{NO_x\text{-in}}}{TM} \tag{5-1}$$

$$SR_{NH_4} = \frac{C_{NH_4\text{-in}} - C_{NH_4\text{-out}}}{TM} \tag{5-2}$$

式中 $C_{NO_x\text{-in}}$，$C_{NO_x\text{-out}}$，$C_{NH_4\text{-in}}$，$C_{NH_4\text{-out}}$——进水和出水中 NO_2^--N 或 NO_3^--N 的浓度，进水和出水中 NH_4^+-N 的浓度，mg/L；

T——反应器水力停留时间，h；

M——水凝胶中的生物量浓度，mg/L。

采用干法测定悬浮污泥的生物量浓度。将 20mL 悬浮污泥在 105℃下干燥，直至样品重量稳定。对于载体表面的生物量，大多数生物膜首先以 6000r/min 的转速离心分离 10min。采用与悬浮污泥相同的干燥方法测定分离后的生物膜浓度。对于 BSgel 系统，载体表面的凝胶被手动从载体上分离，然后用匀浆器进行匀浆。凝胶内生物量的计算采用 Chen 等人[14]的方法，并使用凝胶膜中的蛋白质计算挥发性悬浮物（VSS）的浓度。

5.2.5 样品采集、DNA 提取、PCR 扩增和高通量测序

在序批试验结束时，将取样的湿生物膜、悬浮污泥和生物量用 PBS 溶液清洗并在 −20℃下冷冻保存到分析测样。采用 PowerSoil DNA 试剂盒提取微生物 DNA。用 0.8%琼脂糖凝胶检测基因组 DNA 的纯度和质量。用引物 338F（ACTCCTACGGGAGGCAGCAG）和 806R（GGACTACHVGGGTWTCTAAT）扩增细菌 16S rRNA 基因的 V3-V4 区。PCR 产物用 QIAquick 凝胶提取试剂盒（德国 QIAGEN）纯化，并用实时 PCR 定量。然后在 Allwegene 公司（北京）的 Miseq 平台上进行深度测序。测序完后，使用 Illumina analysis Pipeline 2.6 进行分析。

5.2.6 模型建立和模拟策略

利用 AQUASIM 2.1d 软件建立一维生物膜模型，模拟 BSgel 体系凝胶膜内微生物的分布和养分的传递。在生物模型中设置 6 种可溶性生物降解物种：可溶性生物降解的 COD(S_S)、氨(S_{NH_4})、亚硝酸盐(S_{NO_2})、硝酸盐(S_{NO_3})、氮(S_{N_2})和溶解氧(S_{O_2})。此外，模型中还提出了 5 种颗粒物：AOB(X_{AOB})、NOB(X_{NOB})、anammox 细菌（X_{AMA}）、异养反硝化菌（X_H）和惰性有机物（X_I）。生物过程由生长过程和内源性呼吸过程组成，动力学速率由 Michaelis-Menten 方程描述。组分的定义和过程方程见表 5-2 和表 5-3，化学计量参数和矩阵见表 5-4 和表 5-5。

表 5-2 模型中组分的定义

序号	组分	定　　义	单位
溶解组分			
1	S_{O_2}	溶解氧	g O$_2$/m^3
2	S_S	易降解有机物	g COD/m^3
3	S_{NH_4}	氨氮	g N/m^3
4	S_{NO_2}	亚硝酸盐氮	g N/m^3
5	S_{NO_3}	硝酸盐氮	g N/m^3

续表5-2

序号	组分	定 义	单位
颗粒组分			
1	X_{AOB}	好氧氨氧化菌	g COD/m³
2	X_{AMX}	厌氧氨氧化菌	g COD/m³
3	X_{NOB}	亚硝酸盐氧化菌	g COD/m³
4	X_H	异养菌	g COD/m³
5	X_I	惰性有机物	g COD/m³

表5-3 模型的过程动力学速率方程

方程	动力学速率表达式
(1) 好氧氨氧化菌生长	$\mu_{AOB} \dfrac{S_{O_2}}{K_{O_2}^{AOB}+S_{O_2}} \dfrac{S_{NH_4}}{K_{NH_4}^{AOB}+S_{NH_4}} X_{AOB}$
(2) 好氧氨氧化菌死亡	$b_{AOB} X_{AOB}$
(3) 亚硝酸盐氧化菌生长	$\mu_{NOB} \dfrac{S_{O_2}}{K_{O_2}^{NOB}+S_{O_2}} \dfrac{S_{NO_2}}{K_{NO_2}^{NOB}+S_{NO_2}} X_{NOB}$
(4) 亚硝酸盐氧化菌死亡	$b_{NOB} X_{NOB}$
(5) 厌氧氨氧化菌生长	$\mu_{AMX} \dfrac{K_{O_2}^{AMX}}{K_{O_2}^{AMX}+S_{O_2}} \dfrac{S_{NH_4}}{K_{NH_4}^{AMX}+S_{NH_4}} \dfrac{S_{NO_2}}{K_{NO_2}^{AMX}+S_{NO_2}} X_{AMX}$
(6) 厌氧氨氧化菌死亡	$b_{AMX} X_{AMX}$
(7) 异养菌好氧生长	$\mu_H \dfrac{S_{O_2}}{K_{OH_1}+S_{O_2}} \dfrac{S_S}{K_{S_1}+S_S} X_H$
(8) 异养菌在亚硝酸盐还原下的缺氧生长	$\mu_H \eta_{H_1} \dfrac{K_{OH_2}}{K_{OH_2}+S_{O_2}} \dfrac{S_{NO_3}}{K_{NO_3}^{HB}+S_S} \dfrac{S_S}{K_{S_2}+S_S} X_H$
(9) 异养菌在硝酸盐还原下的缺氧生长	$\mu_H \eta_{H_2} \dfrac{K_{OH_3}}{K_{OH_3}+S_{O_2}} \dfrac{S_{NO_2}}{K_{NO_2}^{HB}+S_{NO_2}} \dfrac{S_S}{K_{S_3}+S_S} X_H$
(10) 异养菌死亡	$b_H X_H$

表5-4 模型的动力学和化学计量参数

参数	定 义	数值	单位	来源
好氧氨氧化菌（AOB）				
Y_{AOB}	AOB 的产率	0.15	g COD/g N	Wiesmann, 1994
μ_{AOB}	AOB 的最大生长率	0.0854	h⁻¹	Wiesmann, 1994

续表 5-4

参数	定 义	数值	单位	来源
b_{AOB}	AOB 的衰减率系数	0.0054	h^{-1}	Wiesmann, 1994
$K_{O_2}^{AOB}$	AOB 对溶解氧的亲和常数	0.6	$g\ DO/m^3$	Wiesmann, 1994
$K_{NH_4}^{AOB}$	AOB 对氨氮的亲和常数	2.4	$g\ N/m^3$	Wiesmann, 1994
亚硝酸盐氧化菌（NOB）				
Y_{NOB}	NOB 的产率	0.041	$g\ COD/g\ N$	Wiesmann, 1994
μ_{NOB}	NOB 的最大生长率	0.0604	h^{-1}	Wiesmann, 1994
b_{NOB}	NOB 的衰减率系数	0.0025	h^{-1}	Wiesmann, 1994
$K_{O_2}^{NOB}$	NOB 对溶解氧的亲和常数	2.2	$g\ DO/m^3$	Wiesmann, 1994
$K_{NO_2}^{NOB}$	NOB 对亚硝酸盐氮的亲和常数	5.5	$g\ N/m^3$	Wiesmann, 1994
厌氧氨氧化菌（Anammox）				
Y_{AMX}	Anammox 的产率	0.159	$g\ COD/g\ N$	Strous 等, 1998
μ_{AMX}	Anammox 的最大生长率	0.0030	h^{-1}	Koch 等, 2000
b_{AMX}	Anammox 的衰减率系数	0.00013	h^{-1}	Hao 等, 2002
$K_{O_2}^{AMX}$	Anammox 的溶解氧抑制常数	0.01	$g\ DO/m^3$	Strous 等, 1998
$K_{NH_4}^{AMX}$	Anammox 对氨氮的亲和常数	0.07	$g\ N/m^3$	Strous 等, 1998
$K_{NO_2}^{AMX}$	Anammox 对亚硝酸盐氮的亲和常数	0.05	$g\ N/m^3$	Hao 等, 2002
异养菌（HB）				
Y_H	HB 的产率	0.6	$g\ COD/g\ COD$	Henze 等, 2000
μ_H	HB 的最大生长率	0.26	h^{-1}	Koch 等, 2000
b_H	HB 的衰减率系数	0.008	h^{-1}	Wiesmann, 1994
η_{H_1}	硝酸盐还原的缺氧生长因子	0.28	—	Hiatt 等, 2008
η_{H_2}	亚硝酸盐还原的缺氧生长因子	0.16	—	Hiatt 等, 2008
K_{OH_1}	好氧生长的 S_{O_2} 亲和常数	0.1	$g\ DO/m^3$	Hiatt 等, 2008
K_{OH_2}	硝酸盐还原的 S_{O_2} 抑制常数	0.1	$g\ DO/m^3$	Hiatt 等, 2008
K_{OH_3}	亚硝酸盐还原的 S_{O_2} 抑制常数	0.1	$g\ DO/m^3$	Hiatt 等, 2008
K_{S_1}	好氧生长的 S_S 亲和常数	20	$g\ COD/m^3$	Hiatt 等, 2008
K_{S_2}	硝酸盐还原的 S_S 亲和常数	20	$g\ COD/m^3$	Hiatt 等, 2008
K_{S_3}	亚硝酸盐还原的 S_S 亲和常数	20	$g\ COD/m^3$	Hiatt 等, 2008
$K_{NO_3}^{HB}$	S_{NO_3} 对 HB 的亲和常数	0.2	$g\ N/m^3$	Hiatt 等, 2008
其他化学计量参数				
i_{NBM}	生物质氮含量	0.07	$g\ N/g\ COD$	Henze 等, 2000
i_{NXI}	X_I 的氮含量	0.02	$g\ N/g\ COD$	Henze 等, 2000
f_I	X_I 在生物量衰减中的比例	0.10	$g\ COD/g\ COD$	Henze 等, 2000

表 5-5 模型的化学计量矩阵

变量\方程	S_{O_2} O$_2$ COD	S_S COD	S_{NH_4} N	S_{NO_2} N	S_{NO_3} N	S_{N_2} N	X_S COD	X_H COD	X_{AOB} COD	X_{NOB} COD	X_{AMX} COD	X_I COD
1	$-\dfrac{3.43-Y_{AOB}}{Y_{AOB}}$		$-i_{NBM}-\dfrac{1}{Y_{AOB}}$	$\dfrac{1}{Y_{AOB}}$					1			
2	$-\dfrac{1.14-Y_{NOB}}{Y_{NOB}}$		$i_{NBM}-i_{NXI}f_I$	$-\dfrac{1}{Y_{NOB}}$	$\dfrac{1}{Y_{NOB}}$					1		
3			$-i_{NBM}$						-1			f_I
4			$i_{NBM}-i_{NXI}f_I$							-1		f_I
5			$-i_{NBM}-\dfrac{1}{Y_{AMX}}$	$-\dfrac{1}{Y_{AMX}}-\dfrac{1}{1.14}$	$\dfrac{1}{1.14}$	$\dfrac{2}{Y_{AMX}}$					1	
6			$i_{NBM}-i_{NXI}f_I$								-1	f_I
7	$-\dfrac{1-Y_H}{Y_H}$	$-\dfrac{1}{Y_H}$	$-i_{NBM}$					1				
8		$-\dfrac{1}{Y_H}$	$-i_{NBM}$	$-\dfrac{1-Y_H}{1.71Y_H}$		$\dfrac{1-Y_H}{1.71Y_H}$		1				
9		$-\dfrac{1}{Y_H}$	$-i_{NBM}$		$-\dfrac{1-Y_H}{2.86Y_H}$	$\dfrac{1-Y_H}{2.86Y_H}$		1				
10			$i_{NBM}-i_{NXI}f_I$				$1-f_I$	-1				f_I

由于受 PVA 浓度控制的 BSgel 系统的形态不同，因此采用数值模型来评估包埋模式（部分和完全包埋）对凝胶膜内微生物和氮素分布的影响。在完全包埋模式中，载体的内部空间完全被凝胶填充；而在部分包埋模式下，载体内部存在空隙。因此，设计了两种方案来研究包埋方式对 BSgel 系统微生物分布和脱氮性能的影响：方案 1 和方案 2。在两种方案之间，改变了凝胶膜的厚度，而其他参数则保持不变。对于部分包埋和完全包埋的模式，凝胶膜厚度分别设置为 1000μm 和 10000μm。通过假设所有颗粒物质在凝胶中混合在一起，简化了数值模型。

5.3 结果与讨论

5.3.1 接种微生物的评估

在建立 SNAD 系统之前，需要对悬浮污泥和 anammox 生物膜的初始状态有一个全面的了解。悬浮污泥产生部分硝化作用，其效率决定了后续厌氧氨氧化工艺的成功。因此，估算了不同进水 COD 浓度在 0~100mg/L 范围内的悬浮污泥部分硝化性能（见表 5-6）。由表 5-6 可以看出，最大比 NH_4^+ 消耗率与 NO_3^- 最大比产率相当，表明 NOB 在悬浮污泥系统中不受抑制。其原因可能是溶解氧浓度高达 3.0mg/L，通常认为低溶解氧浓度会抑制 NOB[15]。此外，高浓度的 COD（100mg/L）似乎不足以抑制硝化细菌的活性。具体而言，当 COD 浓度从 0 提高到 100mg/L 时，最大比 NH_4^+ 消耗率和 NO_3^- 产生速率变化不大。虽然高有机物浓度（TOC 浓度最高为 0.3g/L）会导致异养微生物和自养微生物之间的竞争，但异养微生物对自养微生物的影响更大[16]。总体而言，本研究中的有机物含量相对上述学者的研究还是较低的，因此自养微生物并没有受到太大的影响。这进一步突显了有机物预处理在 anammox 工艺前的重要意义，特别是对于高浓度废水。

除硝化过程外，我们还采用生物膜形态来实现厌氧氨氧化。由于主流条件的中低温是影响 anammox 活性的重要环境因素，因此研究了 15℃、20℃ 和 25℃ 的温度影响。由表 5-6 可以看出，在 3 种不同的温度下，NO_2^--N 和 NH_4^+-N 的降低比例在 1.00~1.52 之间（理论值为 1.32），说明 anammox 过程对脱氮起主要作用。厌氧氨氧化过程在 15℃ 下仍可以发生，最大比总无机氮达到最低值，为 5.32mg/(gVSS·d)。随着温度升高到 25℃，这个值达到了

表 5-6 比较活性污泥、厌氧氨氧化生物膜及其混合系统（BS）和 4%PVA（4%BSgel）与 7%PVA（7%BSgel）制备的 BSgel 系统中氮的转化

不同系统	温度/℃	COD浓度/mg·L^{-1}	生物量浓度/gVSS·L^{-1}	$^1\Delta NH_4^+$-N /mg·L^{-1}	$^1SR_{NH_4^+-N}$ /mg·(gVSS·d)$^{-1}$	$^2\Delta NO_2^-$-N /mg·L^{-1}	$^2SR_{NO_2^--N}$ /mg·(gVSS·d)$^{-1}$	$^3\Delta NO_3^-$-N /mg·L^{-1}	$^3SR_{NO_3^--N}$ /mg·(gVSS·d)$^{-1}$	$^4SR_{TIN}$ /mg·(gVSS·d)$^{-1}$
活性污泥	20	0	8.05±2.17	51.20±4.10	29.33	—	—	46.60±8.28	26.68	—
活性污泥	20	50	8.05±2.17	49.03±11.28	25.07	—	—	63.79±7.56	32.62	—
活性污泥	20	100	8.05±2.17	59.88±7.19	31.19	—	—	63.96±10.71	33.45	—
生物膜	25	0	3.45±1.56	17.5±1.93	12.88	−(17.27±4.76)	−10.79	—	—	23.66
生物膜	20	0	3.45±1.56	12.59±2.52	5.31	−(15.77±3.57)	−10.01	—	—	15.32
生物膜	15	0	3.45±1.56	8.66±3.68	3.29	−(13.14±4.88)	−4.35	—	—	7.65
BS	20	50	13.45±4.32	37.51±7.88	9.56	0.9±0.47	0.23	36.51±2.26	9.31	0.02
4%BSgel	20	50	0.68±0.35	17.25±1.56	61.35	0.81±0.39	2.88	—	—	58.47
7%BSgel	20	50	0.55±0.27	9.02±3.35	39.51	0.23±0.18	1.01	—	—	38.51

注：$^1\Delta NH_4^+$-N 代表 NH_4^+-N 浓度下降，$SR_{NH_4^+-N}$ 代表 NH_4^+-N 最大化利用速率；$^2\Delta NO_2^-$-N 代表产生 NO_2^--N 或累积（−）量，$SR_{NO_2^--N}$ 代表 NO_2^--N 的最大比利用速率；$^3\Delta NO_3^-$-N 代表产生的 NO_3^--N 浓度，$SR_{NO_3^--N}$ 代表 NO_3^--N 的最大比累积速率；$^4SR_{TIN}$ 为最大总无机氮去除率和累积速率（−）或最大比累积速率下降（−）。

25.79mg/(gVSS·d)，是15℃下的5倍。在之前的研究中，32℃下这个值保持在97.20mg/(gVSS·d)，大约是25℃下的3.7倍。在其他研究中，30℃的温度通常比25℃的温度具有1.6倍高的厌氧氨氧化活性，这可能是由于本研究中反应器规模较小，而不是全规模的厌氧氨氧化反应器。温度对厌氧氨氧化生物膜的影响是极其深远的[17]。

5.3.2 BSgel 和 BS 系统的性能对比

通过对厌氧氨氧化生物膜和硝化悬浮污泥的研究，将这两种微生物系统通过两种途径组合形成 SNAD 工艺。一个是将厌氧氨氧化生物膜与悬浮污泥混合形成的系统，简称 BS 系统；另一个是用凝胶包埋污泥和厌氧氨氧化生物膜形成的系统，简称 BSgel 系统；其 PVA 浓度分别为4%和7%。不同的 PVA 浓度使 BSgel 系统的载体呈现出不同构造（如图 5-1 所示），进而可能影响 BSgel 系统的稳定性和凝胶内部的基质转移能力。

图 5-1 用2%、4%和7% PVA 制备的 BSgel 载体的照片
(a) 2%PVA 的载体；(b) 4%PVA 的载体；(c) 7%PVA 的载体

图 5-2 所示为在 BS、4% PVA 的 BSgel 和 7% PVA 的 BSgel 体系序批试验中 NH_4^+-N 和 NO_3^--N 浓度的变化。NH_4^+-N 和 NO_3^--N 浓度的标准差范围分别为 1.09~9.78mg/L 和 0.87~2.08mg/L。三种体系产生的 NO_2^--N 浓度非常低，在 0.23mg/L 和 0.90mg/L 之间变化。BS 系统批量试验中，消耗的 NH_4^+-N 浓度与产生的 NO_3^--N 浓度相等，约为 36.00mg/L。毋庸置疑，NH_4^+ 是通过悬浮污泥的硝化作用完全转换为 NO_3^-。换句话说，anammox 生物膜在脱氮方面的作用似乎可以忽略不计，可能是因为在悬浮污泥中，anammox 生物膜无法与 NOB 竞争。这一结果与其他关于生物膜和悬浮污泥在 SNAD 工艺中的应用的研究并不一致，可能是由于进水 NH_4^+ 浓度不高或驯化时间不够。例如，SNAD 在富含氨的污水中很容易建立。此外，在生物膜与活性污泥混合系统中，达到稳定的 SNAD 过程需要 60 天以上的时间[9]。显然，一周的时间对于在 BS 系统中建立 SNAD 过程来说过短。

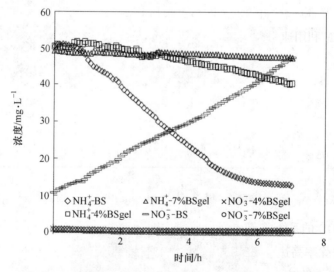

图 5-2 生物膜和悬浮污泥混合体系（BS）、4% PVA（4%BSgel）和 7% PVA（7%BSgel）制备的 BSgel 载体在序批试验中 NH_4^+-N 和 NO_3^--N 浓度的变化

当悬浮污泥被包埋在 anammox 生物膜外时，则出现相反的现象。如图 5-2 所示，对于 BSgel 体系，NH_4^+ 浓度在最初的 7h 内缓慢下降，尤其是在添加 4%PVA 的 BSgel 体系中。同时，在 BSgel 体系中，没有明显的 NO_3^--N 和 NO_2^--N 的生成（小于 0.81mg/L），这意味着在 BSgel 体系中成功地实现了 anammox。这一现象证实了包埋技术在短时间内有利于单级脱氮。人工控制硝化悬浮污

泥位于厌氧氨氧化生物膜的外侧，可优化不同微生物的分布，增强脱氮过程的协同作用。大部分溶解氧被外硝化悬浮污泥消耗，进而在凝胶内部形成一个限氧条件。因此，在 BS 系统中，不仅抑制了 NOB，而且在缺氧条件下保护了凝胶内的 anammox 菌。以往的一些研究也强调了限氧条件对 SNAD 工艺的意义，如提出了无曝气序批式反应器和溶解氧实时智能控制系统[18,19]。

但 BSgel 体系的 NH_4^+ 消耗率远低于 BS 体系，其原因可能与包埋过程中微生物活性下降有关。之前的研究证实凝胶包埋的生物膜的最大 NH_4^+ 去除率要低于载生物膜的数值[21]，但是，关于最大比总无机氮去除率，情况并不相同。由于凝胶内的包埋生物量很低，小于 0.68gVSS/L，因此 4%PVA 和 7%PVA 的 BSgel 体系的最大比总无机氮去除率分别为 58.47mg/(gVSS·d) 和 38.51mg/(gVSS·d)，远高于 BS 体系（见表 5-6）。然而，这些数值一直处于较低水平，这可能与我们的研究中温度适中有关。例如，Anjali 和 Sabumon[18] 在 30~36℃ 的温度范围内建立了一个 20L 的无曝气 SBR，最大比 NH_4^+-N 和 TN 利用速率分别达到 185mg/(gVSS·d) 和 172mg/(gVSS·d)。

5.3.3　BSgel 体系中温度和有机物的影响

在确定 BSgel 体系对 SNAD 工艺的优越性后，进一步探讨了温度和有机物对处理效果的影响。总的来说，低温和高有机物浓度是主流 anammox 面临的两大挑战。因此，研究了 4%PVA 制备的 BSgel 体系在 2 种进水 COD 浓度（50mg/L 和 100mg/L）和 3 种温度（12℃、20℃ 和 25℃）条件下的性能（如图 5-3 所示）。首先，考虑进水 COD 浓度的影响，比较了投加 50mg/L 和 100mg/L COD 的系统在 20℃ 下的脱氮性能。进水 COD 为 50mg/L 时，最大比总无机氮去除率高达 29.98mg/(gVSS·d)，而进水 COD 为 100mg/L 时，最大比总无机氮去除率逐渐下降至 21.80mg/(gVSS·d)（见表 5-7）。相应地，SNAD 过程中也发生了有机物的消耗。进水 COD 为 100mg/L 时，15℃、20℃、25℃ 时的 COD 降低浓度分别达到 (77.28±16.35)mg/L、(75.73±19.42)mg/L 和 (89.88±12.68)mg/L，20℃ 时 50mg/L 进水的 COD 降低浓度为 (43.46±9.57)mg/L。这说明高浓度的 COD 在一定程度上抑制了 anammox 的活性，但对脱氮能力没有明显的损害。这一结果与 Jenni 等人[20] 之前的研究一致，其中 anammox 细菌的活性和丰度随着 C/N 比的增加而逐渐降低。此外，他们还报道了随着污泥停留时间的增加，anammox 细菌的活性再次上升。在我们的研究中，包埋技术提供了足够长的污泥停留时间，从而可能降低有机物的抑制作用。此外，我们研究中的 C/N 比接近 Si 等人推荐的 2.5 的最佳比值[21]。

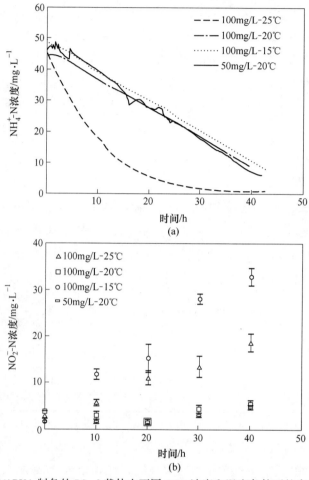

图 5-3　4%PVA 制备的 BSgel 载体在不同 COD 浓度和温度条件下的序批试验中 NH_4^+-N（a）和 NO_2^--N（b）浓度的变化

另外，温度的增加对脱氮效率有显著影响。15℃的低温下 NH_4^+ 的去除性能与 20℃时相似，但在 15℃下发生 NO_2^- 的大量累积（如图 5-3 所示）。这表明，在低温条件下，anammox 细菌的活性受到抑制，这与 3.1 节中的 anammox 生物膜的结果一致。有趣的是，当温度升高到 20℃时，NO_2^- 的积累得到了缓解，表明 anammox 活性被重新激活。随着温度不断升高至 25℃，最大比总无机氮去除率从 15℃时的 7.08mg/(gVSS·d) 增加到 25℃时的 58.02mg/(gVSS·d)（见表 5-7）。与其他研究相比，在低温或中等温度下，我们的

5.3 结果与讨论

表 5-7 4%PVA 制备的 BSgel 系统及其复活后的系统在不同 COD 浓度和温度条件下的氮转化情况

不同处理（温度）有机物浓度	生物量 /gVSS·L^{-1}	$^1\Delta NH_4^+$-N /mg·L^{-1}	$^1SR_{NH_4^+\text{-}N}$ /mg·(gVSS·d)$^{-1}$	$^2\Delta NO_2^-$-N /mg·L^{-1}	$^2SR_{NO_2^-\text{-}N}$ /mg·(gVSS·d)$^{-1}$	$^3\Delta NO_3^-$-N /mg·L^{-1}	$^3SR_{NO_3^-\text{-}N}$ /mg·(gVSS·d)$^{-1}$	$^4SR_{TIN}$ /mg·(gVSS·d)$^{-1}$
(-25℃) 100mg/L	0.66±0.29	34.75±7.65	74.10	2.84±0.68	16.07	1.36±0.55	0.05	58.02
(-20℃) 100mg/L	0.74±0.22	36.79±9.31	23.13	7.98±1.52	1.33			21.80
(-15℃) 100mg/L	0.63±0.14	28.77±12.25	36.70	1.66±0.40	29.61			7.08
(-20℃) 50mg/L	0.59±0.15	38.65±8.28	32.64	31.19±4.68	2.67	2.83±1.24	0.11	29.98
(-20℃) 50mg/L 复活后的载体	0.67±0.23	47.67±9.45	38.00	19.03±4.78	15.17	8.25±2.56	6.58	16.26

注：$^1\Delta NH_4^+$-N 为减少的 NH_4^+-N 浓度，$SR_{NH_4^+\text{-}N}$ 为最大比 NH_4^+-N 利用速率；$^2\Delta NO_2^-$-N 为减少（-）或累积的 NO_2^--N 浓度，$SR_{NO_2^-\text{-}N}$ 为 NO_2^--N 的最大比利用速率（-）和积累速率；$^3\Delta NO_3^-$-N 为产生的 NO_3^--N 浓度，$SR_{NO_3^-\text{-}N}$ 为 NO_3^--N 的最大比积累速率；$^4SR_{TIN}$ 为最大比无机总氮去除率。

BSgel体系的性能是可以接受的[17,22]。然而，我们的比氮去除率仍然低于Laureni等人[23]安装的混合移动床生物膜反应器，在15℃下，其比氮去除率在几个月内达到12.15mg/(gVSS·d)。造成这一不同现象的原因可能是在Laureni等人反应器中检测到的优势anammox细菌种类是 *Candidatus Brocadia*，而在我们的反应器中 *Candidatus Kuenenia* 占主导地位。在低温生物反应器中，常发现"*Brocadia*"型的厌氧菌，因其具有很强的低温适应性。

5.3.4 BSgel体系的复活试验

将BSgel系统置于40%甘油溶液中在-20℃下保存30天，然后通过投加营养液1周来恢复其活性，测试包埋的微生物生物量的复活能力。可以观察到，对于复活的BSgel系统，NH_4^+浓度仍在降低，这与原始BSgel系统的NH_4^+浓度下降趋势相似（如图5-4所示）。特别是复活BSgel的最大比NH_4^+-N消耗率接近初始值，分别为38.00mg/(gVSS·d)和32.64mg/(gVSS·d)。然而，它们对NO_2^-和NO_3^-的积累表现出了显著的差异。复活BSgel的NO_2^--N最大比积累速率为原始BSgel的5.7倍，说明在复活过程中，anammox活性减弱。因此，复活后的BSgel的最大比总无机氮去除率（16.26mg/(gVSS·d)）低于原始BSgel（23.82mg/(gVSS·d)）。总的来说，包埋技术较好地保持了AOB的活性而不是anammox菌的活性，但BSgel系统仍保留68%的脱氮能力。除了在甘油溶液中保存anammox菌外，还可以使用含有钼酸盐（3mM）的营养培养基来保存anammox菌。值得注意的是，90%以上的初始anammox活性被恢复，尽管其他研究需要较长的时间（45~150天）[24]。

5.3.5 微生物群落分析

在对原始序列进行过滤后，3个样品获得65824-72038优质序列。聚类分析生成492~566个OTUs。生物膜样品的Chao1指数和Shannon指数高于其他两个样品，表明生物膜的微生物群落具有较高的丰富度和均匀性。与生物膜样品相比，BSgel菌群的丰富度和多样性略有下降。这一现象可能与凝胶包埋生物膜的过程有关，生物膜中的一些细菌不能很好地适应凝胶环境。

图5-5所示为3个样品在门水平上的微生物核心种群（相对丰度高于0.5%）。变形菌门 *Proteobacteria* 是所有样品中最丰富的菌门（50.5%~68.8%），这与以往的研究一致，*Proteobacteria* 是废水处理中最常见的一门，

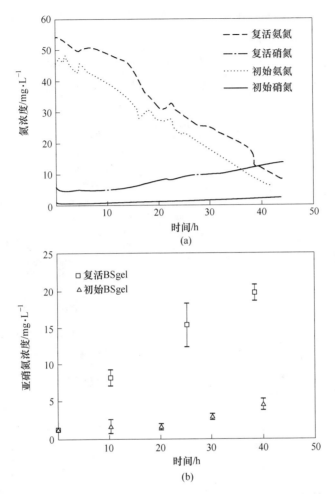

图 5-4 用 4%PVA 制备的 BSgel 载体在 -20℃ 下保存 30 天（初始）和
恢复（复活）后 NH_4^+-N (a)、NO_3^--N (a) 和 NO_3^--N (b) 的变化

许多功能菌种属于这一门。在 BSgel 样品中，*Proteobacteria* 和拟杆菌门 *Bacteroides* 的丰度与其他 2 个样品相比呈下降趋势，表明在 BSgel 构建过程中，这 2 个门中的一些细菌无法存活。同样，悬浮污泥或生物膜样品中其他主要成员的丰度也有不同程度的下降，如浮霉菌门 *Plantomycetes*（生物膜中占 18.3%）、硝化螺旋菌门 *Nitrospirae*（悬浮污泥中 7.5%）、异常球菌-栖热菌门 *Deinococcus-Thermus*（生物膜中 5.4%）的丰度也不同程度下降。这或许可以由 BSgel 构建过程中的"中和效应"来解释。例如，BSgel 中的 *Plantomycetes* 丰度（6.5%）介于悬浮污泥（0.4%）和生物膜（18.3%）样品中的值之间。

相比之下，厚壁菌门 *Firmicutes*（23.8%）和酸杆菌门 *Acidobacteria*（5.0%）在 BSgel 中大量富集，表明它们对凝胶环境有良好的适应性。BSgel 中的优势菌如 *Proteobacteria*、*Firmicutes*、*Planctomycetes*、*Acidobacteria* 等与先前的研究一致，这些微生物在厌氧氨氧化反应器中起着重要作用[25]。

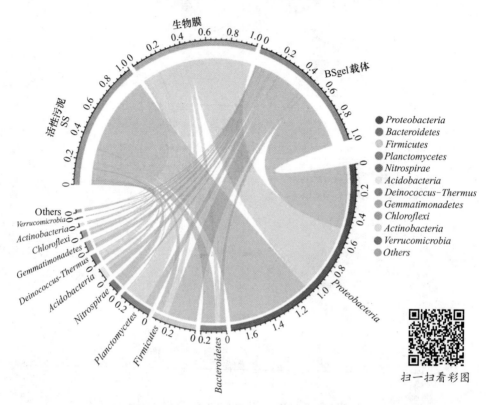

图 5-5　悬浮污泥、生物膜和 BSgel 载体在门水平上的微生物群落组成

（相对丰度小于 0.5%的分类归为 others）

在属水平上，细菌的相对丰度在 3 个样品之间表现出明显的差异，如图 5-6 所示。悬浮污泥中以纤维弧菌属 *Cellvibrio*（17.3%）最为丰富，但在生物膜和 BSgel 中可忽略不计。与悬浮污泥样品相比，BSgel 中 AOB 属 *Nitrosomonas*、NOB 属 *Nitrospira* 和 *Proteobacteria* 门下的属（*Aquimonas*，*Steroidobacter* 和 *Formivibrio*）的丰度显著降低。结果表明，BSgel 环境抑制了上述菌属的生长。此外，关键的厌氧氨氧化菌 *Candidatus Kuenenia* 是生物膜中最丰富的一个属（15.5%），这与 anammox 细菌倾向于以生物膜形式生长的报道相一致[26,27]。需要指出的是，BSgel 中仍有相当数量的 *Candidatus Kuenenia*

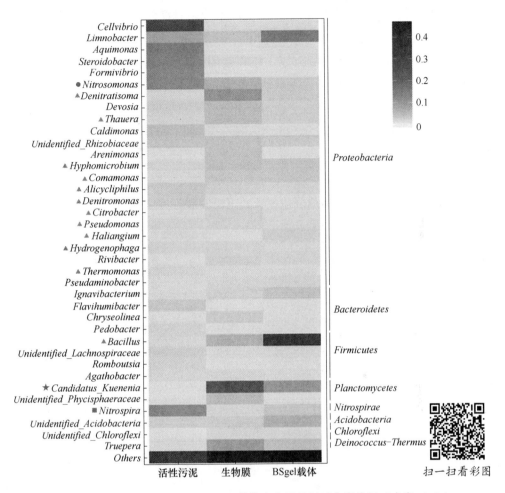

图 5-6　活性污泥、生物膜和 BSgel 载体中菌属的相对丰度热图（丰度<0.5% 的属归为其他类），色度条描述了每个属的相对丰度

（厌氧氨氧化菌：★；AOB：●；NOB：■；脱氮菌：▲）

(5.7%) 富集，尽管与生物膜相比略有下降。这表明，厌氧氨氧化菌属能够在包被有厌氧氨氧化生物膜的 BSgel 环境中存活，并能展现良好的 anammox 活性。在 BSgel 中发现了大量的反硝化菌属，如 *Bacillus*（21.1%）、*Denitratisoma*（1.1%）、*Thauera*（1.0%）、*Hyphomicrobium*（1.6%）、*Comamonas*（1.4%）和 *Haliangium*（0.7%）。这些属在反硝化过程中起着重要作用[28~32]。这些反硝化菌中，芽孢杆菌属 *Bacillus* 在 BSgel 中明显富集，说明 BSgel 环境有利于其生长。总之，BSgel 是由生物膜和悬浮污泥合成的，从而结合了它们

各自的微生物群落特征。结果表明，BSgel 形成了自己的微生物群落模式。在 BSgel 中，anammox 相关的关键菌属如 *Candidatus Kuenenia* 得到了很好的保持，但一些 AOB 或 NOB 属似乎受到了一定程度的抑制。*Candidatus Kuenenia* 是适盐微生物，能在高盐废水条件下存活，但 *Nitrospira*（NOB）对盐度敏感[33]。在我们的研究中，由于所用的交联溶液具有较高的盐度，即使是在很短的时间，仍然抑制了 NOB 菌属，但保持了 anammox 细菌的活性。

5.3.6 微生物群落结构

图 5-7 描绘了全包埋和部分包埋模式下沿凝胶膜厚度的微生物结构剖面。

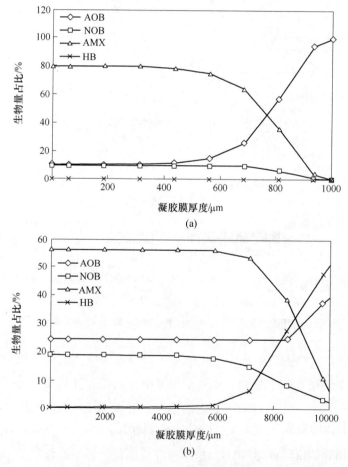

图 5-7 部分包埋（a）和完全包埋（b）两种微生物包埋模式下不同微生物群落在凝胶膜剖面上的预测分布

(厌氧氨氧化菌：AMX；氨氧化菌：AOB；亚硝酸盐氧化菌：NOB；异养反硝化菌：HB)

图中生物膜载体表面为凝胶膜厚度的零点。在完全包埋和部分包埋两种模式下，凝胶膜厚度分别为 10000μm 和 1000μm。在部分包埋模式下，AOB 主要分布在外层，其生物量从 400μm 处到载体表面的比例较低。相反，anammox 菌主要生长在膜下层，从 600μm 到载体表面呈优势分布（如图 5-7（a）所示）。由于严格的限氧条件，NOB 被淘汰掉了。此外，在整个凝胶膜剖面上，anammox 菌比异养菌更具竞争力。

完全包埋模式则呈现不同的现象（如图 5-7（b）所示）。虽然 anammox 菌为优势菌，但其最大生物量分数低于部分包埋模式，这可能是由于全包埋模式下载体表面附着的凝胶量较多所致。此外，由于亚硝酸盐和有机物的迁移限制，异养菌主要分布在凝胶膜表面（约 10000μm），并沿剖面厚度降低而逐渐减少，至 4000μm 后完全消失。在以往的研究中[34,35]，anammox 菌和异养菌分布于小于 300μm 的厚度内，明显低于 BSgel 体系。究其原因，以往研究的对象是自然形成的颗粒污泥或生物膜，而这里是由凝胶膜形成的 BSgel 体系控制的，这导致了较厚的基质扩散距离。

事实上，图 5-7 中的相对生物量比例与图 5-6 中的微生物群落分析结果一致。特别是异养菌和厌氧氨氧化菌是脱氮微生物的主要贡献者，其次是 AOB 和 NOB。此外，数值模拟为了解微生物在凝胶膜中的分布提供了依据。因此，通过数值模拟与高通量测序分析相结合的方法，可以展现凝胶膜内部的微生物信息。

5.3.7 营养基质的剖面

图 5-8 所示为 NH_4^+、NO_2^-、NO_3^- 和 DO 浓度沿凝胶膜厚度的分布。图中生物膜载体表面为凝胶膜厚度的零点。部分包埋模式下，在膜表面从 1000μm 到 935μm，DO 的浓度快速降低；完全包埋模式下，从 10000μm 到 9193μm，DO 的浓度快速降低。因此，由于该区域的部分硝化作用，氨氮的还原以及亚硝酸盐和硝酸盐的生成都发生在凝胶膜表面的相似区域（尤其是在完全包埋模式下）。当溶解氧在凝胶膜中被完全消耗时，氮变成了由厌氧氨氧化菌驱动，耗尽的 NH_4^+ 和 NO_2^- 浓度证明了这一点。相比之下，anammox 菌产生的硝酸盐则从凝胶膜表面向载体表面略有积累。

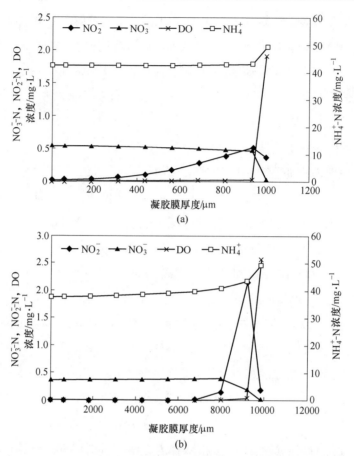

图 5-8 部分包埋（a）和完全包埋（b）两种微生物包埋模式下凝胶膜剖面中 NH_4^+-N、NO_3^--N、NO_2^--N 和 DO 的预测浓度

通过比较部分包埋模式和全包埋模式的脱氮行为可以看出，全包埋模式的脱氮效果更好，其氨氮降低浓度为 11.82mg/L（如图 5-8（b）所示）。这表明完全包埋模式下 BSgel 系统的脱氮性能更优越，即使 AOB 和氨氧化细菌在完全包埋模式下的生物量分数相对较低（如图 5-7 所示）。这种现象可能是由于大量凝胶包埋有大量丰富的生物质所致。因此完全包埋模式下，AOB 的生物量浓度升高。此外，较厚的凝胶膜促进了厌氧氨氧化菌的活性和 HB 的产生，有利于 SNAD 过程。综上所述，在 BSgel 系统中推广采用全包埋模式来实现 SNAD 过程。

5.4 结论

将凝胶包埋技术与传统生物膜载体相结合，制备了 BSgel 体系，实现了主流条件下的 SNAD。BSgel 系统可以成功地实现 SNAD 过程,而传统的混合生物膜和悬浮污泥只能产生硝化过程。BSgel 体系对高浓度有机物(甚至 100mg/L COD)的抑制作用减弱,而低温(15℃)降低了 SNAD 效率。另外,BSgel 系统保存 1 个月后 SNAD 功能恢复良好。在微生物群落方面,BSgel 系统结合了生物膜和悬浮污泥共同的微生物群落特征。最后,根据部分包埋和全包埋两种模式下凝胶膜的微生物和营养状况,建议采用完全包埋模式。总体而言,BSgel 系统在短时间内实现 SNAD 工艺是可行的。

参 考 文 献

[1] Kartal B, Kuenen J G, Van Loosdrecht M C M. Sewage treatment with anammox [J]. Science, 2010, 328 (5979): 702~703.

[2] Chen Huihui, Liu Sitong, Yang Fenglin, et al. The development of simultaneous partial nitrification, ANAMMOX and denitrification (SNAD) process in a single reactor for nitrogen removal [J]. Bioresource Technology, 2009, 99 (4): 1548~1554.

[3] Ma Bin, Bao Peng, Wei Yan, et al. Suppressing nitrite-oxidizing bacteria growth to achieve nitrogen removal from domestic wastewater via anammox using intermittent aeration with low dissolved oxygen [J]. Scientific Reports, 2015, 5 (1): 13048.

[4] Zhang Fangzhai, Peng Yongzhen, Miao Lei, et al. A novel simultaneous partial nitrification anammox and denitrification (SNAD) with intermittent aeration for cost-effective nitrogen removal from mature landfill leachate [J]. Chemical Engineering Journal, 2017, 313: 619~628.

[5] Cao Yeshi, Van Loosdrecht Mark C M, Daigger Glen T. Mainstream partial nitritation-anammox in municipal wastewater treatment: Status, bottlenecks, and further studies [J]. Applied Microbiology & Biotechnology, 2017, 101 (4): 1365~1383.

[6] Reino Clara, Suárez-Ojeda María Eugenia, Pérez Julio, et al. Stable long-term operation of an upflow anammox sludge bed reactor at mainstream conditions [J]. Water Research, 2017, 128: 331~340.

[7] Shao Hedong, Wang Shuying, Zhang Liang, et al. Nitrogen and phosphorus removal from low mass concentration ratio between C and N municipal wastewater based on Anammox process at ambient temperatures [J]. Journal of Central South University (Science and Technology), 2016, 47 (1): 344~349.

[8] Malovanyy Andriy, Trela Jozef, Plaza Elzbieta. Mainstream wastewater treatment in integrated fixed film activated sludge (IFAS) reactor by partial nitritation/anammox process [J]. Bioresource Technology, 2015, 198: 478~487.

[9] Wang Chao, Liu Sitong, Xu Xiaochen, et al. Achieving mainstream nitrogen removal through simultaneous partial nitrification, anammox and denitrification process in an integrated fixed film activated sludge reactor [J]. Chemosphere, 2018, 203: 457.

[10] Gao Fan, Zhang Hanmin, Yang Fenglin, et al. Study of an innovative anaerobic (A)/oxic (O)/anaerobic (A) bioreactor based on denitrification-anammox technology treating low C/N municipal sewage [J]. Chemical Engineering Journal, 2013, 232: 65~73.

[11] Chen Danyue, Gu Xushun, Zhu Wenying, et al. Denitrification- and anammox-dominant simultaneous nitrification, anammox and denitrification (SNAD) process in subsurface flow constructed wetlands [J]. Bioresource Technology, 2019, 271: 298~305.

[12] Isaka Kazuichi, Kimura Yuya, Yamamoto Tomoko, et al. Complete autotrophic denitrification in a single reactor using nitritation and anammox gel carriers [J]. Bioresource Technology, 2013, 147 (Complete): 96~101.

[13] Ahmad Hafiz Adeel, Liang Xueyou, Ni Haochen, et al. Start-up and community analysis of simultaneous partial nitrification and anammox (SNAP) process by immobilization [J]. Desalination and water treatment, 2019, 164: 144~150.

[14] Chen K C, Jy Chin Sc. Houng, Lee S C. Simultaneous carbon-nitrogen removal in wastewater using phosphorylated PVA-immobilized microorganisms [J]. Enzyme & Microbial Technology, 1998, 23 (5): 311~320.

[15] Wang Jianlong, Yang Ning. Partial nitrification under limited dissolved oxygen conditions [J]. Process Biochemistry, 2004, 39 (10): 1223~1229.

[16] Mosquera-Corral A, González F, Campos J L, et al. Partial nitrification in a SHARON reactor in the presence of salts and organic carbon compounds [J]. Process Biochemistry, 2005, 40 (9): 3109~3118.

[17] Lotti T, Kleerebezem R, Loosdrecht M C M V. Effect of temperature change on anammox activity [J]. Biotechnology & Bioengineering, 2015, 112 (1): 98~103.

[18] Anjali G, Sabumon P C. Development of simultaneous partial nitrification, anammox and denitrification (SNAD) in a non-aerated SBR [J]. International Biodeterioration & Biodegradation, 2016, 119: 43~55.

[19] Wen Xin, Gong Benzhou, Zhou Jian, et al. Efficient simultaneous partial nitrification, anammox and denitrification (SNAD) system equipped with a real-time dissolved oxygen (DO) intelligent control system and microbial community shifts of different substrate concentrations

[J]. Water Research, 2017, 119: 201~211.

[20] Jenni Sarina, Vlaeminck Siegfried E, Morgenroth Eberhard, et al. Successful application of nitritation/anammox towastewater with elevated organic carbon to ammonia ratios [J]. Water Research, 2014, 49 (2): 316~326.

[21] Si Zheng, Peng Yongzhen, Yang Anming, et al. Rapid nitrite production via partial denitrification: pilot-scale operation and microbial community analysis [J]. Environmental Science: Water Research & Technology, 2018, 4: 80~86.

[22] Jin Rencun, Ma Chun, Yu Jinjin. Performance of an Anammox UASB reactor at high load and low ambient temperature [J]. Chemical Engineering Journal, 2013, 232 (10): 17~25.

[23] Laureni Michele, Falås Per, Robin Orlane, et al. Mainstream partial nitritation and anammox: Long-term process stability and effluent quality at low temperatures [J]. Water Research, 2016, 101: 628~639.

[24] Ali Muhammad, Oshiki Mamoru, Okabe Satoshi. Simple, rapid and effective preservation and reactivation of anaerobic ammonium oxidizing bacterium" Candidatus Brocadia sinica" [J]. Water Research, 2014, 57 (5): 215~222.

[25] Li X, Sun S, Yuan H, et al. Mainstream upflow nitritation-anammox system with hybrid anaerobic pretreatment: Long-term performance and microbial community dynamics [J]. Water Res., 2017, 125: 298~308.

[26] Gu Jun, Yang Qin, Liu Yu. Mainstream anammox in a novel A-2B process for energy-efficient municipal wastewater treatment with minimized sludge production [J]. Water Research, 2018, 138: 1~6.

[27] Wu N, Zeng M, Zhu B, et al. Impacts of different morphologies of anammox bacteria on nitrogen removal performance of a hybrid bioreactor: Suspended sludge, biofilm and gel beads [J]. Chemosphere, 2018, 208: 460~468.

[28] Jørgensen Kirsten S, Pauli Anneli S L. Polyphosphate accumulation among denitrifying bacteria in activated sludge [J]. Anaerobe, 1995, 1(3): 161~168.

[29] Peng X, Guo F, Ju F, et al. Shifts in the microbial community, nitrifiers and denitrifiers in the biofilm in a full-scale rotating biological contactor [J]. Environmental Science & Technology, 2014, 48 (14): 8044~8052.

[30] Mcilroy S J, Starnawska A, Starnawski P, et al. Identification of active denitrifiers in full-scale nutrient removal wastewater treatment systems [J]. Environ Microbiol, 2016, 18 (1): 50~64.

[31] Sun Haishu, Liu Feng, Xu Shengjun, et al. Myriophyllum aquaticum constructed wetland

effectively removes Nitrogen in swine wastewater [J]. Frontiers in Microbiology, 2017, 8: 1~14.

[32] Meng Yabing, Sheng Binbin, Meng Fangang. Changes in nitrogen removal and microbiota of anammox biofilm reactors under tetracycline stress at environmentally and industrially relevant concentrations [J]. Science of the Total Environment, 2019, 668: 379~388.

[33] Ge Chenghao, Dong Ying, Li Hongmin, et al. Nitritation-anammox process - A realizable and satisfactory way to remove nitrogen from high saline wastewater [J]. Bioresource Technology, 2019, 275: 86~93.

[34] Chen X, Liu Y, Peng L, et al. Model-based feasibility assessment of membrane biofilm reactor to achieve simultaneous ammonium, dissolved methane, and sulfide removal from anaerobic digestion liquor [J]. Sci Rep, 2016, 6: 1~10.

[35] Liu Tao, Ma Bin, Chen Xueming, et al. Evaluation of mainstream nitrogen removal by simultaneous partial nitrification, anammox and denitrification (SNAD) process in a granule-based reactor [J]. Chemical Engineering Journal, 2017, 327: 973~981.

6 凝胶与膜片复合载体在传统脱氮领域的应用

6.1 引言

膜曝气生物膜（MAB）是20世纪70年代末由Yeh和Jenkins等人研究开发的一种基于膜曝气的新型生物膜技术[1]。MAB的两个特点使其具有很高的污染物去除效率：无泡曝气以及氧分子和污染物的异向传质[2]。前者可以提高氧气的传质效率，降低曝气成本，减少有机物的挥发；后者是实现单级脱氮功能的关键，允许在生物膜的独立区域中分布好氧硝化细菌和厌氧微生物（例如异养反硝化菌、厌氧氨氧化细菌）。此外，这两种微生物可以相互配合，有效地进行脱氮[3,4]。Carles等人[5]提高了好氧和厌氧氨氧化细菌在周期曝气MAB中的活性，获得了超过 5.5gN/(m^2·d) 的脱氮率。

但是，传统的膜曝气生物膜反应器（membrane-aerated biofilm reactor，MABR）需要较长时间来完成活性污泥的挂膜。生物膜的形成速率与活性污泥的胞外聚合物的组成和黏附性有关，这些物质可能通过饥饿饱食而使得生物膜的生长加速[6]。生物反应器很难在较短的时间内启动并形成稳定的生物膜结构，特别是对于生长缓慢的自养微生物，如硝化细菌和厌氧氨氧化细菌。另外，在生物反应器运行的后期，还需要加入反冲洗来控制生物膜的厚度，增加了运行操控的难度[7]。传统的生物膜培养方法无法精确调节生物膜的厚度和不同微生物在生物膜剖面的分布。以往主要的研究通常关注的是膜内氧分压或基质表面性质的选择[8~10]。因此，本研究拟引入一种新的微生物固定化技术来解决这一问题。

微生物包埋技术作为一种常用的固定化方法，是利用物理和化学的方法在具有生物催化活性的一定空间内保持完整的细胞[11]。该方法通过交联特定微生物和包埋剂制备凝胶状固体颗粒。包埋剂一般为高分子聚合物，如聚乙烯醇（PVA）、海藻酸钠（SA）、聚乙二醇（PEG）。该技术具有生物量高、微生物在反应器中停留时间长等优点，非常适合于脱氮。其采用聚乙烯醇（PVA）凝胶小球固定化硝化和反硝化细菌，使其能适应污染物负荷的增加，脱氮性能稳定 60 天以上[12]。目前，开发高效的固定化微生物反应器，利用各种微生物降解污染物，是固定化技术的科学方向之一。

本研究的目的是开发一种新型复合膜曝气生物膜（CMAB）反应器，将微生物包埋在水凝胶中，在较短的启动时间内实现高效的单级脱氮。首先，根据短程硝化（PN）的效率制备不同的 CMAB 并进行比较，以优化生物膜的形成条件；然后在此基础上，比较不同生物膜厚度和不同曝气压下 CMAB 和 MAB 同步硝化反硝化（SND）的效果；最后通过呼吸试验和高通量测序分析，分别阐明微生物活性和群落结构。

6.2 材料和方法

6.2.1 固定化技术

采用天津广富精细化工研究院的 2W/V%~7W/V% PVA 和 2W/V% SA 配制微生物固定化凝胶。将这些化合物的混合物在水浴中加热到 90℃ 以下，然后冷却到 35℃，再将 2W/V% 活性污泥加入凝胶中，充分混匀。其中，活性污泥是在 3000r/min 下离心 10min 的浓缩污泥。将一定量（凝胶体积=膜表面积×凝胶厚度）的凝胶均匀涂覆在聚偏氟乙烯（PVDF）膜上。膜面积为 $0.2m^2$，膜的孔径小于 $0.1\mu m$。然后将 PVDF 膜于 4℃ 预冻 1h，防止凝胶流动。之后将 PVDF 膜连同附着在其上的凝胶置于固化液中，4℃ 保存 24h，最后将附着在 PVDF 膜表面上的凝胶膜用蒸馏水冲洗几次，再应用于废水处理。

用不同的固化液（50W/V% $NaNO_3$ + 2W/V% $CaCl_2$ 或饱和 H_3BO_3 + 2W/V% $CaCl_2$）制备了 4 种凝胶膜（Na-0.5、Na-1、B-0.5 和 B-1），它们的凝胶膜厚度不同，见表 6-1。Na-0.5 和 Na-1 分别代表理论厚度为 0.5mm 和 1mm 的 $NaNO_3$ 交联的凝胶膜；B-0.5 和 B-1 分别代表理论厚度为 0.5mm 和 1mm 的 H_3BO_3 交联的凝胶膜。

表 6-1 不同凝胶厚度和不同固化液制备的四种凝胶膜

凝胶总量/mL	理论膜厚度/mm	交联剂	
		$NaNO_3$ + $CaCl_2$	H_3BO_3 + $CaCl_2$
70	0.5	Na-0.5	B-0.5
140	1.0	Na-1	B-1

6.2.2 反应器的启动和运行

将制备好的 CMAB（Na-0.5、Na-1、B-0.5 和 B-1）放于用有机玻璃制成的试验室规模的 MABR（长 35cm，宽 23cm，高 40cm）中培养。MABR 的示意图和实物如图 6-1 所示。将合成废水泵入反应器，合成废水由 100mg/L NH_4Cl-N、27mg/L KH_2PO_4、500mg/L $NaHCO_3$、180mg/L $CaCl_2 \cdot 2H_2O$ 和 300mg/L $MgSO_4 \cdot 7H_2O$ 组成。我们在之前的研究中设定了微量元素的添加量和浓度（每升合成介质中添加 1mL 微量元素），包括 625mg/L EDTA、190mg/L

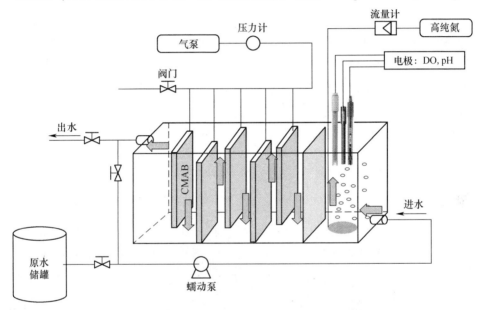

图 6-1 试验室规模 CMAB 系统示意图及实物图

NiCl$_2$·6H$_2$O、430mg/L ZnSO$_4$·7H$_2$O、220mg/L NaMoO$_4$·2H$_2$O、240mg/L CoCl$_2$·6H$_2$O、990mg/L MnCl$_2$·4H$_2$O 和 250mg/L CuSO$_4$·5H$_2$O[13]。所有化学药品均购自中国天津市光复精细化工研究所。通过加热器将温度控制在 (30±2)℃。通过氮气吹脱使溶解氧（DO）浓度保持在 0.2mg/L 以下，人工合成废水的 pH 值在 7.8 以上。

我们进行了 PN 和 SND 两种脱氮试验。在第一阶段，对 CMAB 的 PN 效果进行评估，以确定最佳交联参数。在试验室规模的 MABR 中，PN 连续培养试验持续 2 个月，前 7 天为启动时间，水力停留时间设定为 24h，固定膜内气体压力调整为 2kPa。PN 的序批试验分别在第 21、30、37、44 天进行。在第二阶段，对新制备的 CMAB 的 SND 性能进行评估，以确定最佳凝胶膜厚度和曝气压力。在试验室规模的 MABR 中，SND 的连续培养试验也持续了 1 个月，前 7 天作为启动时间。比较了 2 种凝胶膜厚度（0.1mm 和 1mm）和 3 种曝气压（1kPa、2kPa 和 3kPa）的影响。在合成废水中加入蔗糖促进异养菌生长，将化学需氧量（COD）设定为 100mg/L，分别于第 20、25、30 天进行了 SND 的序批试验。

6.2.3 序批试验

通过序批试验计算比氮素转化速率。将 MAB 浸入自制的序批试验反应器中。通过水浴加热套将温度控制在 30℃。氮气吹脱使溶解氧浓度保持在 0.1mg/L 以下。连续监测 NH$_4^+$ 和 NO$_3^-$ 浓度，定期监测 NO$_2^-$ 浓度。由于 NH$_4^+$ 可被凝胶膜吸收，NH$_4^+$ 完全饱和所需时间小于 50min。然而，在序批试验中，试验时间较长，为 24h，使得微生物的降解主要以生物降解为主。同时，为了进一步限制凝胶膜吸收 NH$_4^+$ 的效果，CMAB 先在试验营养液中浸泡 1h，以保证在序批试验开始时 CMAB 的 NH$_4^+$ 吸收效果完全饱和。

利用式（6-1）和式（6-2）计算了比 NO$_2^-$ 积累率和比 NO$_3^-$ 生成率（SR_{NO_x}），以及比 NH$_4^+$ 利用率（SR_{NH_4}）。SR_{NH_4} 与 SR_{NO_x} 之差为总无机氮的比去除率。

$$SR_{NO_x} = \frac{C_{NO_x\text{-out}} - C_{NO_x\text{-in}}}{TM} \tag{6-1}$$

$$SR_{NH_4} = \frac{C_{NH_4\text{-in}} - C_{NH_4\text{-out}}}{TM} \tag{6-2}$$

式中 $C_{NO_x\text{-in}}$, $C_{NO_x\text{-out}}$, $C_{NH_4\text{-in}}$, $C_{NH_4\text{-out}}$——进水和出水中 NO_2^--N 或 NO_3^--N 的浓度，进水和出水中 NH_4^+-N 的浓度，mg/L；

T——反应器水力停留时间，h；

M——水凝胶中的生物量浓度，mg/L。

6.2.4 理化分析

通过 DO 计（Oxi 3205，WTW，德国）和 pH 计（3210，WTW，德国）测量温度、DO 和 pH 等参数。NH_4^+ 和 NO_3^- 的浓度通过 NH_4^+ 和 NO_3^- 探针（VARiON®Plus 700 IQ，WTW，德国）在线测量。在用比色法检测 NO_2^- 浓度之前，样品通过 0.45μm 膜（Millipore，美国）过滤[14]。NH_4^+-N，NO_3^--N 和 NO_2^--N 的总和被定义为总无机氮（TIN）。凝胶膜内生物量浓度通过测定凝胶中蛋白质浓度后，再将凝胶膜中的蛋白质浓度转换成挥发性悬浮固体（VSS）浓度。

6.2.5 凝胶膜特性的测量

凝胶膜的傅里叶红外光谱分析由 ATR-FTIR 分析仪（Tensor 27，Bruker，德国）测定。将未包埋活性污泥的空白膜置于烘箱中 85℃烘干，然后取 1mg 固体样品与 100mg 溴化钾在红外灯照射下研磨混合。将混合物放入压片磨具中，在 36MPa 压力下压 1min，制成具有固定直径和一定厚度的透明薄片；然后将薄片置于分光计的样品槽中测定红外光谱。同理，制作凝胶膜原料聚乙烯醇（PVA）和海藻酸钠（SA）压片以测其红外光谱。

凝胶膜的机械强度由拉伸/压缩试验机（System 310，QUALITEST International Instrument）测定。将表面擦干的湿凝胶膜切成 8cm×3cm 的长方形，膜的两端固定于拉力机的两侧。温度设置为 15℃，拉伸速度设置为 100mm/min，拉伸强度按式（6-3）计算。

$$\sigma = P/(bh) \tag{6-3}$$

式中 σ——抗拉强度，MPa；

P——最大载荷破坏载荷，N；

b——试样宽度，mm；

h——试样厚度，mm。

在测量扩散系数的装置中，用法兰固定胶膜，用凝胶膜把容器分成两部分。凝胶膜的左侧填充 500mL NH_4Cl 溶液或饱和 DO 蒸馏水，右侧充满不含 NH_4^+ 的水或 DO 浓度低于 1.0mg/L 的水。两侧均装搅拌转子，以消除水力学意义上的死体积。在 25℃ 下进行测量，实时监测营养物浓度（如 NH_4^+ 或 DO）。扩散系数按式（6-4）计算。

$$De_{ss} = A^{-1}IC_1^{-1}\left(\frac{dQ}{dt}\right)_{ss} \tag{6-4}$$

式中 De_{ss}——扩散系数，m^2/s；

A——凝胶膜有效面积，m^2；

I——凝胶膜平均厚度，m；

C_1——左侧初始营养盐浓度，mg/L；

t——扩散时间，s；

Q——通过凝胶膜的溶解营养物质，mg。

6.2.6 呼吸速率测量试验

将包埋了活性污泥的凝胶膜从 PVDF 膜上剥离，然后浸入呼吸速率测定反应器中，测量其内源呼吸和外源呼吸速率。水浴温度保持在 20℃。首先，将称重后的凝胶膜放于蒸馏水中，用 DO 仪测量其内源呼吸速率，对其进行间歇曝气连续测定 DO 以获得多个斜率值作为呼吸速率。在获得稳定的内源性呼吸速率后，将蒸馏水替换为合成废水（见 6.2.2 节），确定最大的外源呼吸速率。用呼吸速率除以生物量浓度计算比呼吸速率。

6.2.7 样品采集、DNA 提取、PCR 扩增和高通量测序

将包埋了微生物的凝胶膜先用匀浆机（F10, Fluko, 德国）匀浆，然后用 PBS 溶液（Sangon Biotech，中国上海）洗涤，并在 -20℃ 下冷冻保存，直到进行高通量测序分析。微生物 DNA 提取按照手册使用 PowerSoil DNA 分离试剂盒（MoBio Laboratories, Carlsbad, CA）进行。在 0.8% 琼脂糖凝胶上检测基因组 DNA 的纯度和质量，用 338F（ACTCCTACGGGAGGCAGCAG）和 806R（GGACTACHVGGGTWTCTAAT）引物扩增细菌 16S rRNA 基因 V3-4 高变区。PCR 产物用 QIAquick 凝胶提取试剂盒（QIAGEN, 德国）纯化，实时 PCR 定量，然后在北京 Allwegene 公司的 Miseq 平台上进行深度测序。完成高通量测序后，使用 Illumina 分析管道版本 2.6 执行图像分析、基本调用和错误估计。

6.3 结果与讨论

6.3.1 CMAB 的特性

6.3.1.1 SA、PVA 和凝胶膜的 FTIR 光谱

SA、PVA、用 NaNO$_3$ 和用 H$_3$BO$_3$ 交联的 0.5mm 厚凝胶膜的红外光谱如图 6-2 所示。由于羟基的拉伸振动,SA、PVA、用 NaNO$_3$ 和用 H$_3$BO$_3$ 交联的凝胶膜在 3100~3500cm^{-1} 范围内有较宽的波带,其中,凝胶膜的峰值增强,说明其亲水性增强。SA 和 PVA 在 2900~3000cm^{-1} 范围内存在波峰,而凝胶膜的峰值变强,说明凝胶膜存在氢键和碳氢键的伸缩振动。Na-0.5 和 B-0.5 膜在 2968cm^{-1} 处均有吸收峰,对应其存在 C—H 拉伸和 sp^3 杂化;1631cm^{-1} 处的吸收峰为 C=C,1384cm^{-1} 处的吸收峰为醛基;1049cm^{-1} 和 1089cm^{-1} 处的吸收峰是两种不同 C—O 键的拉伸峰,说明 C—O—C 键和 C—O—H 键同时存在。

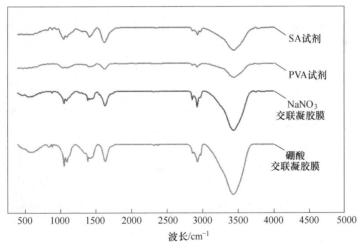

图 6-2 SA、PVA、NaNO$_3$ 和 H$_3$BO$_3$ 交联的凝胶膜的红外光谱图

6.3.1.2 凝胶膜的物理特性

运行两个月后的 Na-0.5、Na-1、B-0.5 和 B-1 凝胶膜的照片如图 6-3 所示。凝胶膜的厚度可以通过量化凝胶的质量来控制,如第 6.2.1 节所述。表 6-2 为由 NaNO$_3$ 和 H$_3$BO$_3$ 交联的凝胶膜的物理特性。Na-0.5 和 B-0.5 膜的厚度分别为 (0.553±0.186)mm 和 (0.463±0.161)mm,接近理论值 0.5mm。Na-1

和 B-1 膜的厚度分别为（0.990±0.294）mm 和（0.877±0.320）mm。结果表明，在膜表面人工涂凝胶膜可以将膜厚控制在要求的范围内。在 4℃下对凝胶膜进行预冷冻处理，可以降低凝胶的流动性，使凝胶均匀分布在膜表面，提高厚度控制的精度。

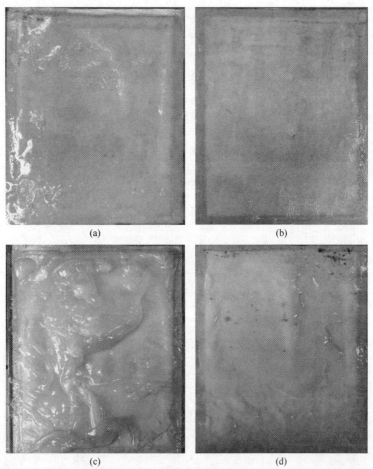

图 6-3　运行两个月后 Na-0.5、Na-1、B-0.5 和 B-1 凝胶膜的图像

(a) Na-1；(b) Na-0.5；(c) B-1；(d) B-0.5

表 6-2　用 $NaNO_3$ 和 H_3BO_3 交联的不同厚度的四种凝胶膜的物理特性

性质	Na-0.5	B-0.5	Na-1	B-1
厚度/mm	0.553±0.186	0.463±0.161	0.990±0.294	0.877±0.320
σ/MPa	0.0653±0.009	0.0627±0.001	0.404±0.081	0.153±0.008
$NH_4^+ De_{ss}/m^2 \cdot s^{-1}$	(3.56±0.46)×10⁻⁶	(1.98±0.01)×10⁻⁶	(1.49±0.03)×10⁻⁶	(1.62±0.50)×10⁻⁶
DO $De_{ss}/m^2 \cdot s^{-1}$	(9.21±0.21)×10⁻⁶	(6.86±0.15)×10⁻⁶	(4.74±0.82)×10⁻⁶	(3.10±0.40)×10⁻⁶

Na-0.5 和 B-0.5 薄膜的拉伸力学强度近似为 0.060MPa，Na-1 和 B-1 薄膜的值较高，Na-1 薄膜的最大值为 0.404MPa。所有凝胶膜的 DO 扩散系数均略高于 NH_4^+ 扩散系数。不同凝胶膜间的扩散系数变化趋势一致。Na-0.5 膜对 NH_4^+ 和 DO 的扩散系数分别为 $(3.56±0.46)×10^{-6} m^2/s$ 和 $(9.21±0.21)×10^{-6} m^2/s$，其次为 B-0.5 膜。显然，较厚的薄膜（Na-1 和 B-1）由于传质阻力的存在，表现出较低的基质扩散系数。对于较薄的凝胶膜，交联剂对扩散系数的影响更为突出，Na-0.5 与 B-0.5 之间差异较大。Na-0.5 是基质传质性能最佳的凝胶膜，其脱氮性能可能与其他凝胶膜不同。

李志荣[15]测定了 NH_4^+ 和 DO 在固定化小球中的扩散系数，分别为 $0.826×10^{-9} m^2/s$ 和 $0.468×10^{-9} m^2/s$。Ali 等人[16]研究发现 37℃下 NH_4^+ 在颗粒生物和固定化生物中的扩散系数分别为 $(8.6±2.3)×10^{-10} m^2/s$ 和 $(29.0±6.7)×10^{-10} m^2/s$。总的来说，我们研究中制备的凝胶膜的底物扩散系数普遍高于其他报道值。其原因可能是凝胶膜厚度小于 1mm，导致基质的传质阻力较弱。此外，无泡曝气能进一步提高 CMAB 的氧利用率。

6.3.2 CMAB 的短程硝化性能

比较了 4 种不同厚度（0.5mm 和 1.0mm）的 $NaNO_3$ 和 H_3BO_3 交联凝胶膜的 PN 效果，及研究凝胶膜的 NH_4^+ 消耗和 NO_2^- 与 NO_3^- 积累行为，进行了凝胶膜序批试验。图 6-4 所示为序批试验中 NH_4^+-N、NO_2^--N 和 NO_3^--N 浓度的变化。由于初始 NH_4^+-N 浓度较高，三种无机氮盐的生物降解过程呈零级动力学。所有凝胶膜中 NH_4^+-N 浓度均呈下降趋势，NO_2^--N 和 NO_3^--N 浓度呈上升趋势，说明硝化过程的存在。硝化反应效率约为 100%（见表 6-3）。

但是，4 种凝胶膜的短程硝化反应有明显差异。如图 6-5 所示，$NaNO_3$ 交联的凝胶膜中，大部分的 NH_4^+-N 转化为 NO_2^--N。但是 H_3BO_3 交联的凝胶膜产生大量的 NO_3^--N 而不是 NO_2^--N。研究结果表明，H_3BO_3 交联的凝胶膜不适合短程硝化，特别是 B-1 膜没有产生明显的 NO_2^--N。由表 6-2 可以看出，$NaNO_3$ 交联的凝胶膜的氧扩散系数始终略高于 H_3BO_3 交联的凝胶膜。在本试验中，以 H_3BO_3 作为交联剂的凝胶膜在氧限制条件下，应该比以 $NaNO_3$ 作为交联剂的凝胶膜更容易发生短程硝化反应。推测其原因是 $NaNO_3$ 交联时的盐度高于 H_3BO_3 交联时的盐度。以往的研究表明，短程硝化系统中 NO_2/NO_x 的比例随

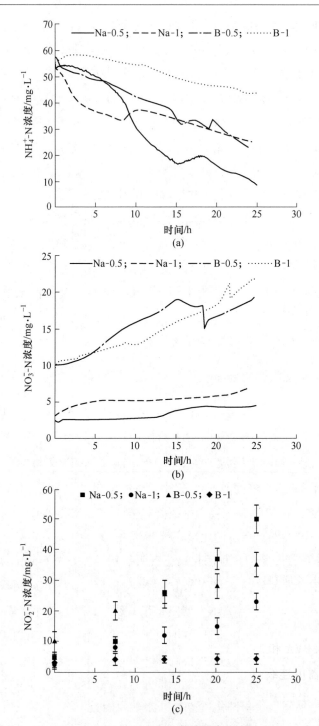

图 6-4 Na-0.5、Na-1、B-0.5 和 B-1 凝胶膜序批试验 NH_4^+-N (a)、
NO_3^--N (b) 和 NO_2^--N (c) 浓度的变化

NaCl 浓度的增加而增加。此外，NH_4^+/NO_2^- 比在 Na-0.5 凝胶膜的批次处理试验第 14h 内达到厌氧氨氧化过程的理想进水值 1∶1.3。类似地，Feng 等人[17]在适当的溶解氧和 pH 条件下开发了一种 MABR，以理想的 NH_4^+/NO_2^- 比例（1∶1~1∶1.3）实现废水效率为 50% 的短程硝化。

表 6-3　Na-0.5、Na-1、B-0.5 和 B-1 凝胶膜的比氮素转化率

不同凝胶膜	生物量/gVSS·L^{-1}	$^1 SR_{NH_4^+\text{-}N}$ /mg·(gVSS·d)$^{-1}$	$^2 SR_{NO_2^-\text{-}N}$ /mg·(gVSS·d)$^{-1}$	$^3 SR_{NO_2^-\text{-}N}$ /mg·(gVSS·d)$^{-1}$
Na-0.5	0.08±0.04	615.33±86.64	30.54±4.94	543.32±14.77
Na-1	0.13±0.06	159.85±20.57	16.15±1.36	145.28±2.21
B-0.5	0.15±0.05	218.01±27.02	61.01±2.05	155.45±4.43
B-1	0.44±0.18	36.27±5.18	26.46±4.60	3.46±0.06

注：$^1 SR_{NH_4^+\text{-}N}$ 表示比 NH_4^+-N 利用速率；$^2 SR_{NO_2^-\text{-}N}$ 表示比 NO_2^--N 积累速率；$^3 SR_{NO_3^-\text{-}N}$ 表示比 NO_3^--N 产生速率。

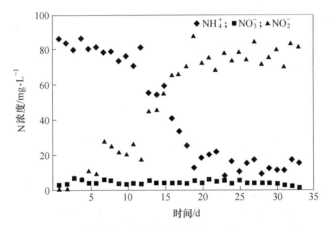

图 6-5　$NaNO_3$ 交联 CMAB 的长期短程硝化试验出水 NH_4^+-N、NO_3^--N 和 NO_2^--N 浓度变化

在以前的研究中，通常用 H_3BO_3 和 $CaCl_2$ 固化 PVA/SA 溶液。Cao 等人[12]将 10%PVA 和 2%SA 滴入 4%$CaCl_2$ 溶液中，形成直径约 3mm 的小球，其生物反应器可连续运行 60 天以上。Qiao 等人[18]用 3%H_3BO_3 和 2%$CaCl_2$ 作为固化剂，共同固定化硝化和厌氧氨氧化生物，脱氮率为 1.69kgN/(m^3·d)。文献中有 50% W/V $NaNO_3$ 和 2% W/V $CaCl_2$ 固化的凝胶小球在 22 天后可以快速启动 anammox 反应器，脱氮效率高达 8.0kgN/(m^3·d)[19]。我们的研究

结果揭示了一个新的现象，即 $NaNO_3$ 作为交联溶液的硝化性能优于 H_3BO_3。

由于不同凝胶膜之间的生物量浓度不同，有必要比较不同凝胶膜的比氮素转化率。由表6-3可以看出，Na-0.5、Na-1、B-0.5和B-1薄膜的生物量浓度分别达到 (0.08 ± 0.04)gVSS/L、(0.13 ± 0.06)gVSS/L、(0.15 ± 0.05)gVSS/L 和 (0.44 ± 0.18)gVSS/L。计算得出 Na-0.5 膜的比 NH_4^+-N 利用率最高，为 (615.33 ± 86.64)mg/(gVSS·d)，其次是 B-0.5、Na-1 和 B-1 膜。相应地，比 NO_2^--N 积累率与比 NO_3^--N 产生率的变化趋势相似。Na-0.5 膜的比 NH_4^+-N 利用率高于其他研究。Zhang 等人[20]的研究结果表明在高 DO 水平下比 NH_4^+-N 消耗率约为478mg/(gVSS·d)，而在低 DO 水平下下降了43.7%。

一般而言，无论使用何种交联剂，薄凝胶膜的硝化速率都比厚凝胶膜高。主要原因是约1mm的凝胶膜太厚，使得内部氧气和外部营养物质不容易进行交换，微生物不能同时很好地利用这两种营养物质。相反，0.5mm左右的凝胶膜可以使这两种物质更好地同时被微生物利用。例如，王荣昌等人[21]认为，当生物膜厚度为 (119.0 ± 3.0)μm 时，MABR的氧传递质量和 NH_4^+ 去除率最高；但当生物膜厚度增加到 (293.3 ± 5.8)μm 时，氧气传质速率下降。当生物膜厚度范围在 650~800μm 时，用氧气传感器探针测得氧气扩散深度接近125μm[22]。最后，在图6-5中补充了长期的脱氮性能，证明了CMAB体系的稳定性。达到稳定高效的硝化性能只需2周，因此CMAB的优势得到了进一步的证实。

6.3.3 CMAB的微生物活性

硝化过程中DO被消耗，因此需对呼吸速率进行分析以评估微生物的活性。表6-4提供了四种凝胶膜的比内源呼吸速率和最大比外源呼吸速率的信息。Na-0.5、Na-1、B-0.5 和 B-1 膜的生物量浓度分别达到 (0.399 ± 0.048)gVSS/L、(1.074 ± 0.162)gVSS/L、(0.625 ± 0.110)gVSS/L 和 (2.352 ± 0.134)gVSS/L。在比内源呼吸速率方面，薄凝胶膜（Na-0.5 和 B-0.5）的值较高，分别达到 (0.873 ± 0.130)gVSS/L 和 (0.451 ± 0.040)mgO_2/(gVSS·h)，而厚凝胶膜的值较低。结果表明，厚凝胶膜的微生物活性弱于薄凝胶膜。

关于最大比外源呼吸速率，最高的是 Na-0.5 凝胶膜，值为 (3.739 ± 0.361)mg/(gVSS·h)，其次为 B-0.5 凝胶膜（(2.325 ± 0.348)mg/(gVSS·h)）。Na-1 和 B-1 凝胶膜的值分别为 (1.411 ± 0.182)mg/(gVSS·h) 和

(0.496 ± 0.028)mg/(gVSS·h)，明显较低。与其他研究相比，本研究的比外源呼吸速率低于其他研究。Qiao 等人[23]在聚乙烯醇和碳酸氢钠凝胶小球中固定硝化生物，其呼吸速率为 19.53mg/(gVSS·h)。这可能是由于我们的研究中使用的凝胶膜的比表面积比之前的研究中使用的凝胶小球的比表面积要低。因此，较弱的养分传质导致了较低的比呼吸速率。

表 6-4　四种凝胶膜的比内源呼吸和最大比外源呼吸速率对比

不同凝胶膜	生物量浓度 /gVSS·L^{-1}	^{1} SOURend. /mg·(gVSS·h)$^{-1}$	^{2} SOURex. /mg·(gVSS·h)$^{-1}$
Na-0.5	0.399±0.048	0.873±0.130	3.739±0.361
Na-1	1.074±0.162	0.408±0.015	1.411±0.182
B-0.5	0.625±0.110	0.451±0.040	2.325±0.348
B-1	2.352±0.134	0.375±0.059	0.496±0.028

注：^{1} SOURend. 表示比内源呼吸速率；^{2} SOURex. 表示最大比外源呼吸速率。

四种膜的比呼吸速率的变化趋势与第 6.3.2 节中的 PN 表现一致。这意味着较薄的凝胶膜用 $NaNO_3$ 进行固定化处理可以进一步提高微生物活性，可能是因为其对底物具有高扩散系数。同样，随着生物膜厚度的增加，MABR 上异养生物膜的耗氧速率逐渐下降。因此，四种凝胶膜之间不同的微生物活性导致了不同的硝化效率。

6.3.4　MAB 和 CMAB 的 SND 性能

根据短程硝化试验结果，$NaNO_3$ 交联的凝胶膜为最佳凝胶。第二阶段在合成废水中加入蔗糖，对 CMAB 的 SND 性能进行了评价。比较了自然培养挂膜的天然 MAB 和厚度分别为 0.1mm 和 1.0mm 的 CMAB，并测试了 3 种曝气压下的 SND 效果。序批试验结果表明，硝酸盐的产量相当少，只有 1.26~3.94mg/L。合成废水的 pH 值高于 7.8 可能是 PN 的原因之一[24]。此外，产生了一定量的亚硝酸盐，其浓度在 0.71~12.25mg/L 之间。因此，大量的 NH_4^+ 被证实是通过 SND 过程去除的。NH_4^+-N 和 NO_3^--N 浓度的相对标准偏差分别为 12%~20% 和 1%~6%。

结果表明，由于采用了微生物固定化技术，CMAB 具有启动快的优点（采用固定化的 CMAB 启动时间约为一周，未采用固定化的 MAB 启动时间约为一个月）。三周后的 MAB 和一周后的 CMAB 的照片如图 6-6 所示。结果表明，在凝胶作用下，悬浮污泥短时间内就可以附着在曝气膜表面，而 MAB 的附着时间相对较长。此外，通过调整凝胶量可以控制生物膜厚度和生物量。其他的研究通过优化操作条件来减少启动时间，例如调整曝气压力和饥饿培养。

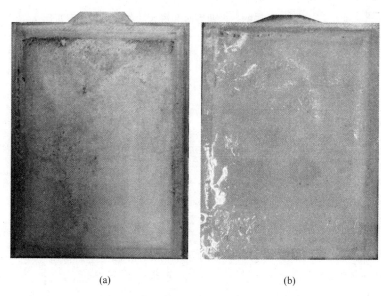

(a)　　　　　　　　(b)

图 6-6　三周后的 MAB 和一周后的 CMAB 图
(a) MAB; (b) CMAB

图 6-7 所示为不同曝气压力下 0.1mm、1mm 的 CMAB 和自然生长挂膜 MAB 序批试验 NH_4^+-N 浓度变化趋势。显然，曝气压力对 NH_4^+ 去除率的影响在三种膜中是不同的。对于自然挂膜的 MAB（如图 6-7 (c) 所示）和 0.1mm 的 CMAB（如图 6-7 (a) 所示），低曝气压下有较高的 NH_4^+ 去除率。而 1mm 的 CMAB 的 NH_4^+ 去除率随气压的升高而增加（如图 6-7 (b) 所示）。

为了进一步比较三种 MAB，表 6-5 给出了三种 MAB 的比 NH_4^+-N 去除率、比 TIN 去除率和 COD 去除率。由于产生少量的 NO_2^-，TIN 的去除率低于 NH_4^+-N 的去除率。1kPa 气压下 0.1mm 的 CMAB 具有最高的比 TIN 去除率，其值为 1594.95mg/(gVSS·d)，并且随着曝气压的升高而降低。1mm 的 CMAB 表现出了中等的比 TIN 去除率，其数值为 31.68~116.56mg/(gVSS·d)，并且与曝气压呈正相关。自然挂膜的 MAB 的比 TIN 去除率最低，随着气压的降低其

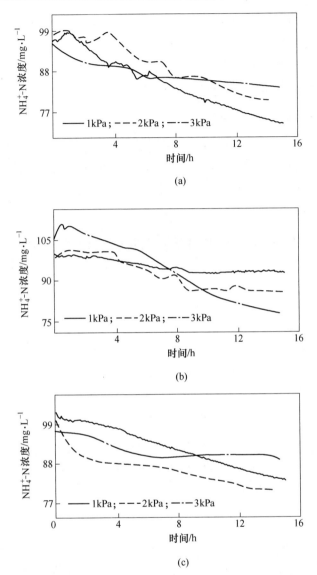

图 6-7　同步硝化反硝化序批试验中 0.1mm（a）和 1mm（b）厚度的 CMAB
及 MAB（c）在不同曝气压力下 NH_4^+-N 浓度的变化

值从 1.59mg/(gVSS·d) 增加到 128.60mg/(gVSS·d)。随着 TIN 的去除，有机物也被消耗，验证了 SND 过程的存在。0.1mm 的 CMAB 的 COD 去除率最高，约为 88%，1mm 的 CMAB 的 COD 去除率次之，MAB 的 COD 去除率最低。

曝气压力决定了生物膜内部的氧气穿透情况。作为一种经济的工艺，短程硝化和反硝化需要有氧限制条件才能克服生物膜中 NOB 的竞争。有学者采用数学生物膜模型和 Monte Carlo filtering 相结合的方法对操作条件进行评估[25]。然而，并非总是低曝气压有助于提高 SND 效率。试验结果表明，在生物膜厚度约为 600μm 的 MABR 中，当曝气压力从 2kPa 提高到 20kPa 时，NH_4^+-N 的去除率从 $4.98g/(m^2 \cdot d)$ 提高到 $9.26g/(m^2 \cdot d)$[26]。此外，Li 等人[27]报道了 150kPa 时总氮（TN）浓度远低于 200kPa 时的总氮浓度，因为较低的曝气压优化了硝化细菌和反硝化细菌的分布，削弱了它们之间的相互抑制作用。在我们的研究中，将曝气压限制在 3kPa 以下，大大降低了曝气成本。

表 6-5 不同曝气压力下 CMAB 和 MAB 的比氮素转化速率和 COD 去除率

膜	曝气压/kPa	$^1 SR_{NH_4^+-N}$ /mg·(gVSS·d)$^{-1}$	$^2 SR_{NO_2^--N}$ /mg·(gVSS·d)$^{-1}$	$^3 SR_N$ /mg·(gVSS·d)$^{-1}$	$^4 RE_{COD}$ /%
CMAB 1mm	1	55.39±8.04	23.70±2.04	31.68	66.29±2.06
	2	112.91±18.33	28.90±0.32	83.94	68.17±9.28
	3	232.55±22.98	115.99±21.31	116.56	86.73±3.99
CMAB 0.1mm	1	1802.75±57.40	207.80±22.65	1594.95	88.14±15.22
	2	1280.50±73.04	451.66±55.40	828.84	88.00±1.19
	3	509.92±55.15	367.29±19.71	142.63	89.89±14.53
MAB	1	302.40±54.03	173.80±19.94	128.60	24.91±3.04
	2	220.80±34.60	194.77±24.26	26.03	28.50±1.87
	3	105.60±7.84	104.01±17.98	1.59	28.50±2.50

注：$^1 SR_{NH_4^+-N}$ 表示比 NH_4^+-N 利用速率；$^2 SR_{NO_2^--N}$ 表示比 NO_2^--N 积累速率；$^3 SR_N$ 表示比 TIN 去除速率；$^4 RE_{COD}$ 表示 COD 的去除效率。

除曝气压力外，生物膜厚度是影响氧在生物膜内氧气传质的另一个重要因素。本研究表明，曝气压需要根据不同凝胶膜厚度进行调节。0.1mm 为最佳厚度时，1kPa 压力足以达到最高的 TIN 去除率。其原因可能是大的曝气压破坏了薄生物膜缺氧区，削弱了反硝化作用的效率。但是，由于大的传质阻力，厚 CMAB 推荐使用高曝气压力。用 AQUASIM 软件建立的 MAB 多种群模型的计算结果表明，生物膜厚度在 600~1200μm 范围内是 SND 的理想选择。然而，NO_2^- 和 NO_3^- 在距膜 1000μm 处被消耗，导致厌氧区较厚，最终导致脱氮效率下降[28]。不同的是，在我们的研究中，0.1mm 凝胶膜脱氮效果最佳可能是由于凝胶膜具有较高的传质能力。

6.3.5 MAB 和 CMAB 的微生物群落

为了揭示不同凝胶膜中微生物的多样性，对样品进行了高通量测序分析。四个样品的细菌群落多样性指数比较见表 6-6。共获得 340279 个高质量序列和 1884 个 OTU 用于群落分析。Coverage 指数表明，给定的数据能够反映真实的微生物群落组成。天然 MAB 的 Chao 指数和 ACE 指数均低于其他样品，表明天然 MAB 的群落丰富度最低。Shannon 指数提供的样品群落多样性指出 3kPa 下的 CMAB 高于 1kPa 和 2kPa 下的 CMAB 和天然 MAB，说明曝气条件有可能丰富群落多样性。

表 6-6 四种膜的微生物群落多样性指数

多样性指数	MAB	CMAB-1kPa	CMAB-2kPa	CMAB-3kPa
Sequences	83047	94113	80180	82939
OTUs	416	478	537	453
ACE 指数	485.444	522.571	566.288	491.070
Chao 指数	471.412	514.158	551.922	474.734
Coverage 指数	0.999	0.999	0.999	0.999
Shannon 指数	3.126	3.219	3.663	3.703

为了研究微生物群落与系统性能之间的关系，对四个样品（门和属）的细菌序列进行了分析。图 6-8 所示为样本门级水平的不同细菌比例。在所有样品中鉴定出 14 个主要的门，所有这些门都被 4 个凝胶膜共享。结果表明，*Proteobacteria*（CMAB-3kPa 中的 64.8%至 CMAB-1kPa 中的 87.7%）是所有样品中最丰富的门，其次是 *Bacteroidetes*（CMAB-1kPa 中的 6.3%至 CMAB-3kPa 中的 30.0%）。研究结果与以往处理城市污水的研究结果一致[29,30]。这两个门在所有样品中占微生物群落总数的 90%以上。大量的 *Proteobacteria* 和 *Bacteroidetes* 被认为是生物反应器脱氮的原因[31]。在四种凝胶膜中，*Saccharibacteria*（1.6%~3.2%）和 *Acidobacteria*（1.1%~2.8%）是其他主要成分，在污水处理系统中广泛存在[32]。此外，少量 *Nitrospirae*（0.2%~0.6%）富集，被认为是亚硝酸盐氧化细菌（NOB）和最普遍的硝化细菌的多样性群体[33]。总之，交联剂和膜厚度对微生物群落门水平的结构影响不大。

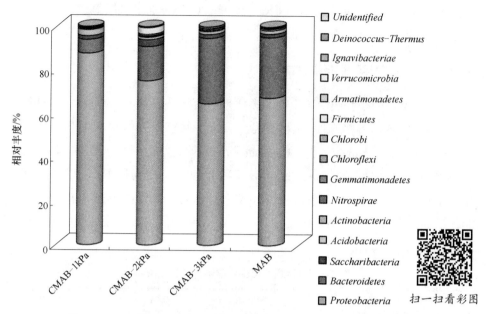

图 6-8　MAB 和 1kPa、2kPa 与 3kPa 气压下的 CMAB 门水平的相对丰度

对属水平的分析提供了对微生物群落的深入了解（如图 6-9 所示），图 6-9 中显示了相对丰度高于 0.5% 的属。四个样品中的细菌群落主要由 *Rhizobium* 和 *Thauera* 两种丰富的反硝化菌组成。这两种微生物在四种样品中的总数在 25.2%~38.1% 之间，在天然 MAB 中最低。此外，*Rhizobium* 和 *Thauera* 的比例随曝气条件的不同而变化。低曝气压下，*Thauera* 比例更高，而 *Rhizobium* 在高曝气压的 CMAB 中和天然 MAB 中比例更高。

作为一种氨氧化菌（AOB），与高曝气压下的 CMAB 相比，*Nitrosomonas* 倾向于在低曝气压下的 CMAB 和天然 MAB 中富集。这种现象对应于 SND 性能（见 6.3.4 节），即高曝气压下的 CMAB 比低曝气压下的 CMAB 具有更高的硝化速率。其原因可能是较大的曝气压刺激异养微生物的活性，抑制自养硝化细菌的生长。类似的，*Nitrosomonas* 是在 MABR 中发现的唯一 AOB，并与大量异养菌共存[20]。同时，在样品中仅检测到少量与 NOB 相关的细菌 *Nitrospira*（0.2%~0.6%）。在含有悬浮污泥、生物膜和凝胶小球的混合生物反应器中也发现了这些硝化细菌[13]。然而，Li 等人认为 *Nitrospira*（9.06%）是主要的亚硝酸盐氧化细菌，可能是因为膜生物反应器比生物膜反应器更难实现氧限制条件，导致硝化细菌的生长旺盛[34]。其他优势菌，如 *Flavobacterium*（0.2%~14.3%）和 *Flavobacteriaceae*（1.4%~7%），已知能产

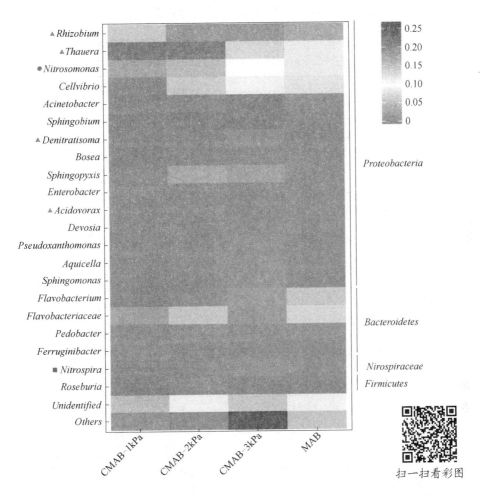

图 6-9 MAB 和 1kPa、2kPa 与 3kPa 气压下的 CMAB 属水平的微生物相对丰度，相对丰度小于 0.5% 的计入其他，颜色深浅描述了每个属的相对丰度
（氨氧化细菌：●；亚硝酸盐氧化细菌：■；反硝化细菌：▲）

生一种胶状胞外分泌物，能将细胞黏附在一起[25]。此外，在旋转生物接触器的生物膜中 *Sphingopyxis* 占 0.5%~3.2%[35]。

6.4 结　论

通过在 PVDF 膜表面涂覆凝胶膜制备 CMAB，缩短了反应器的启动时间。结果表明，$NaNO_3$ 交联的膜厚为 0.5mm 的凝胶膜具有较高的基质扩散系数、良好的 PN 效率和较强的微生物活性。重要的是，为了获得高效率的 SND，需要根据膜厚调整曝气压。在凝胶膜上检测出两种丰富的反硝化菌 *Rhizobium* 和 *Thauera* 以及一种主要的硝化细菌 *Nitrosomonas*，而很少有 *Nitrospira* 存在。总的来说，CMAB 能促进生物膜的形成，保证高效脱氮。

参 考 文 献

[1] Yeh S J, Jenkins C R. Pure oxygen fixed film reactor [J]. Journal of the Environmental Engineering Division, 1978, 104 (4): 611~623.

[2] Susan Rishell, Eoin Casey, Brian Glennon, et al. Characteristics of a methanotrophic culture in a membrane-aerated biofilm reactor [J]. Biotechnology Progress, 2010, 20 (4): 1082~1090.

[3] Liu Yiwen, Ngo Huu Hao, Guo Wenshan, et al. Autotrophic nitrogen removal in membrane-aerated biofilms: Archaeal ammonia oxidation versus bacterial ammonia oxidation [J]. Chemical Engineering Journal, 2016, 302: 535~544.

[4] Sun Linquan, Wang Ziyi, Wei Xin, et al. Enhanced biological nitrogen and phosphorus removal using sequencing batch membrane-aerated biofilm reactor [J]. Chemical Engineering Science, 2015, 135: 559~565.

[5] Carles Pellicer-Nàcher, Sun Shengpeng, Susanne Lackner, et al. Sequential aeration of membrane-aerated biofilm reactors for high-rate autotrophic nitrogen removal: Experimental demonstration [J]. Environmental Science & Technology, 2010, 44 (19): 7628.

[6] Li Tinggang, Liu Junxin. Rapid formation of biofilm grown on gas-permeable membrane induced by famine incubation [J]. Biochemical Engineering Journal, 2017, 121: 156~162.

[7] Zhang Y, Li T, Qiang Z, et al. Current research progress on the membrane-aerated biofilm reactor (MABR): A review [J]. Acta Scientiae Circumstantiae, 2011, 31 (6): 1133~1143.

[8] Tao Liu, Jia Guangyue, Xie Quan. Accelerated start-up and microbial community structures of simultaneous nitrification and denitrification by using novel suspended carriers [J]. Journal of Chemical Technology & Biotechnology, 2017, 93: 1~11.

[9] Casey E, Glennon B, Hamer G. Biofilm development in a membrane-aerated biofilm reactor: Effect of intra-membrane oxygen pressure on performance [J]. Bioprocess Engineering, 2000, 23 (5): 457~465.

[10] Hadjiev D, Dimitrov D, Martinov M, et al. Enhancement of the biofilm formation on polymeric supports by surface conditioning [J]. Enzyme & Microbial Technology, 2007, 40 (4): 840~848.

[11] Karel Steven F, Libicki Shari B, Robertson Channing R. The immobilization of whole cells: Engineering principles [J]. Chemical Engineering Science, 1985, 40 (8): 1321~1354.

[12] Cao Guomin, Zhao Qingxiang, Sun Xianbo, et al. Characterization of nitrifying and denitrifying bacteria coimmobilized in PVA and kinetics model of biological nitrogen removal by co-immobilized cells [J]. Enzyme & Microbial Technology, 2002, 30 (1): 49~55.

[13] Wu N, Zeng M, Zhu B, et al. Impacts of different morphologies of anammox bacteria on nitrogen removal performance of a hybrid bioreactor: Suspended sludge, biofilm and gel beads [J]. Chemosphere, 2018, 208: 460.

[14] Rand M C, Greenberg A E, Taras M J, et al. Standard methods for the examination of water and wastewater [M]. 14th edition. The Association, 1976.

[15] 李志荣. 包埋颗粒内硝化菌增殖衰亡规律及硝化特性研究 [D]. 上海: 上海交通大学, 2012.

[16] Ali Muhammad, Oshiki Mamoru, Rathnayake Lashitha, et al. Rapid and successful start-up of anammox process by immobilizing the minimal quantity of biomass in PVA-SA gel beads [J]. Water Research, 2015, 79: 147~157.

[17] Feng Yu Jou, Tseng Szu Kung, Hsia Tsung Hui, et al. Partial nitrification of ammonium-rich wastewater as pretreatment for anaerobic ammonium oxidation (Anammox) using membrane aeration bioreactor [J]. Journal of Bioscience & Bioengineering, 2007, 104 (3): 182~187.

[18] Qiao Sen, Tian Tian, Duan Xiumei, et al. Novel single-stage autotrophic nitrogen removal via co-immobilizing partial nitrifying and anammox biomass [J]. Chemical Engineering Journal, 2013, 230 (16): 19~26.

[19] Lai Minh Quan, Khanh Do Phuong, Hira Daisuke, et al. Reject water treatment by improvement of whole cell anammox entrapment using polyvinyl alcohol/alginate gel [J]. Biodegradation, 2011, 22 (6): 1155~1167.

[20] Zhang Yunxia, Xu Yanli, Jia Ming, et al. Stability of partial nitrification and microbial population dynamics in a bioaugmented membrane bioreactor [J]. Journal of Microbiology & Biotechnology, 2009, 19 (12): 1656~1664.

[21] 王荣昌, 肖帆, 赵建夫. 生物膜厚度对膜曝气生物膜反应器硝化性能的影响 [J]. 高校化学工程学报, 2015 (1): 151~158.

[22] Susanne Lackner, Akihiko Terada, Harald Horn, et al. Nitritation performance in membrane-aerated biofilm reactors differs from conventional biofilm systems [J]. Water Research, 2010, 44 (20): 6073~6084.

[23] Qiao Sen, Duan Xiumei, Zhou Jiti, et al. Enhanced efficacy of nitrifying biomass by modi-

fied PVA_ SB entrapment technique [J]. World Journal of Microbiology & Biotechnology, 2014, 30 (7): 1985~1992.

[24] Ciudad G, González R, Bornhardt C, et al. Modes of operation and pH control as enhancement factors for partial nitrification with oxygen transport limitation [J]. Water Research, 2007, 41 (20): 4621~4629.

[25] Brockmann D, Morgenroth E. Evaluating operating conditions for outcompeting nitrite oxidizers and maintaining partial nitrification in biofilm systems using biofilm modeling and Monte Carlo filtering [J]. Water Research, 2010, 44 (6): 1995~2009.

[26] Wang Jianfang, Qian Feiyue, Liu Xiaopeng, et al. Cultivation and characteristics of partial nitrification granular sludge in a sequencing batch reactor inoculated with heterotrophic granules [J]. Applied Microbiology & Biotechnology, 2016, 100 (21): 9381~9391.

[27] Li Peng, Zhao Dexi, Zhang Yunge, et al. Oil-field wastewater treatment by hybrid membrane-aerated biofilm reactor (MABR) system [J]. Chemical Engineering Journal, 2015, 264: 595~602.

[28] Matsumoto Shinya, Terada Akihiko, Tsuneda Satoshi. Modeling of membrane-aerated biofilm: Effects of C/N ratio, biofilm thickness and surface loading of oxygen on feasibility of simultaneous nitrification and denitrification [J]. Biochemical Engineering Journal, 2007, 37 (1): 98~107.

[29] Ye Lin, Zhang Tong, Wang Taitao, et al. Microbial structures, functions, and metabolic pathways in wastewater treatment bioreactors revealed using high-throughput sequencing [J]. Environmental Science & Technology, 2012, 46 (24): 13244~13252.

[30] Zeng Ming, Hu Jie, Wang Denghui, et al. Improving a compact biofilm reactor to realize efficient nitrogen removal performance: Step-feed, intermittent aeration, and immobilization technique [J]. Environmental Science & Pollution Research, 2018, 25 (7): 6240~6250.

[31] Xie B, Lv Z, Hu C, et al. Nitrogen removal through different pathways in an aged refuse bioreactor treating mature landfill leachate [J]. Applied Microbiology & Biotechnology, 2013, 97 (20): 9225~9234.

[32] Mike Manefield, Griffiths Robert I, Mary Beth Leigh, et al. Functional and compositional comparison of two activated sludge communities remediating coking effluent [J]. Environmental Microbiology, 2010, 7 (5): 715~722.

[33] Hanna Koch, Sebastian Lücker, Mads Albertsen, et al. Expanded metabolic versatility of ubiquitous nitrite-oxidizing bacteria from the genus Nitrospira [J]. Proceedings of the National Academy of Sciences of the United States of America, 2015, 112 (36): 11371~11376.

[34] Li Ning, Zeng Wei, Miao Zhijia, et al. Enhanced nitrogen removal and in situ microbial

community in a two-step feed Oxic/Anoxic/Oxic-Membrane bioreactor (O/A/O-MBR) process [J]. Journal of Chemical Technology & Biotechnology, 2018.

[35] Peng X X, Guo F, Ju F, et al. Shifts in the microbial community, nitrifiers and denitrifiers in the biofilm in a full-scale rotating biological contactor [J]. Environmental Science & Technology, 2014, 48 (14): 8044~8052.

7 凝胶与膜片复合载体在新型脱氮领域的应用

7.1 引言

当今，单级自养脱氮技术，即集短程硝化和厌氧氨氧化（PN/A）于一体的反应器，因其能耗低、产泥量少、外源碳利用率高、碳足迹低等优点而备受关注[1,2]。PN/A 主要依赖两类微生物种群的协同作用[3]。具体来说，第一类氨氧化细菌（AOB）将进水氨氮（NH_4^+）部分转化为亚硝酸盐（NO_2^-）；第二类是厌氧氨氧化（anammox）细菌，利用剩余的 NH_4^+ 和累积的 NO_2^- 产生氮气（N_2）。事实上，这两类微生物所需的生活环境条件是截然不同的。这对实现 PN/A 反应器的短时间启动和长期稳定运行提出了挑战。AOB 和 anammox 菌的协同作用被认为是通过控制这些微生物群落来促进的，这可能会增加在 PN/A 反应器中向 anammox 细菌引入 NO_2^- 的可能性[4]。

一般情况下，采用三种微生物形态进行 PN/A 过程：悬浮污泥[5,6]、载体上的生物膜[7]和颗粒污泥[8]。众所周知，无论采用单一微生物形态还是混合体系，微生物的合理空间区域化对工艺性能都具有重要意义。空间区域化是通过控制生物反应器中的溶解氧（DO）浓度来实现的，目的是将近一半的氨氮转化为亚硝酸盐。此外，应避免较高 DO 浓度对 anammox 菌的抑制作用。然而，在常规曝气方式下，尤其是在进水参数波动的情况下，精确调节 DO 浓度仍然是一个巨大的挑战。

膜曝气生物膜（MAB）具有无泡曝气和几乎 100% 的高氧利用效率的特点，是一种很有前途的技术[9]。此外，与传统生物膜不同，氧和基质在 MAB 中分散传质很容易导致生物膜的好氧/缺氧区分层，可用于单级脱氮。通过定量控氧策略，改变氧/氮表面负载比，可以抑制亚硝酸盐氧化菌（NOB）的生长，这有利于 AOB 和 anammox 细菌的生长[8,10]。近几十年来，MAB 技术已被广泛应用于实现单级自养脱氮[11,12]。例如，通过控制相对氧气表面负荷与氨氮的关系，实现了完全没有亚硝酸盐氧化的长期稳定的 anammox（>250天）[11]。此外，MAB 的数值模拟有助于研究操作因素对处理性能和生物膜内微生物组成的影响[13]。尽管如此，MAB 仍面临着一些挑战，如 MAB 形成所需的启动时间长、膜中不同功能微生物的生物膜厚度难以控制等。

本研究采用试验与模拟相结合的方法，研究了两种微生物包埋模式下的脱氮性能。在我们之前研究的基础上，制备了一种新型的复合 MAB（CMAB）[14]，本研究比较了两种微生物包埋模式，即混合模式和分层模式的脱氮性能，以确定更好的包埋方式；此外，还进行了高通量测序分析，以评估两种模式下微生物群落的多样性；最后，建立了 CMAB 的数值模型，模拟了凝胶膜中微生物和无机氮的分布。

7.2 材料和方法

7.2.1 CMAB 的制备

首先以天津市光复精细化工研究所采购的 4W/V%聚乙烯醇和 2W/V%海藻酸钠为原料，制备微生物固定化凝胶。这些化合物的混合物在 90℃的水浴中熔融，冷却至 35℃；然后，将特定数量的接种微生物与凝胶混合，直至均匀分布；最后，在聚偏氟乙烯（PVDF）膜表面涂上包埋微生物的凝胶，形成 CMAB。CMAB 的厚度通过控制凝胶量来实现，凝胶量通过将凝胶的面积与其目标厚度相乘计算[14]。

采用两种包埋模式制备 CMAB：混合模式和分层模式。接种的活性污泥和厌氧氨氧化菌分别在试验室规模的硝化反应器和厌氧氨氧化生物反应器中培养[15,16]。在混合模式下，接种的微生物由 2W/V%活性污泥和 2W/V%厌氧氨氧化菌组成。首先将凝胶涂在 PVDF 膜表面，一步形成 CMAB；然后，将凝胶放入固定化溶液（50W/V%$NaNO_3$+2W/V%$CaCl_2$）中交联，在 4℃下保存 24h；最后用蒸馏水多次洗涤 CMAB 表面，应用于脱氮试验。

在分层模式下，接种的微生物分为 AOB（包埋在 CMAB 内层）和 anammox 菌（包埋在 CMAB 外层）两部分。具体来说，首先将接种 2W/V%活性污泥的微生物凝胶涂覆在 PVDF 膜的表面，从而形成用于 PN 过程的 CMAB 内层；然后将凝胶膜在固定化溶液（饱和 H_3BO_3+2W/V%$CaCl_2$）中交联 5min，以固定凝胶的形状；随后，将接种的凝胶（含 2W/V% anammox 菌）均匀地涂在先前用于 PN 过程的 CMAB 表面，从而形成用于 anammox 工艺的

CMAB 外层；最后，将形成的 CMAB 放入固定化溶液（50W/V%NaNO$_3$+2W/V%CaCl$_2$）中交联，在 4℃下保存 24h，再用蒸馏水清洗 CMAB 表面，直到检测不到残留的交联液为止。

7.2.2 反应器的启动和运行

为了避免交联过程中微生物活性的潜在损失，首先将制备的 CMAB 在 15L 试验室规模的膜曝气生物膜反应器（MABR）中培养一周，如图 7-1 所示，连续灌入人工废水培养制备的 CMAB，在该 MABR 中，共有 3 个混合模式下的 CMAB 膜片和 3 个分层模式下的 CMAB 膜片；然后，在自制的生物反

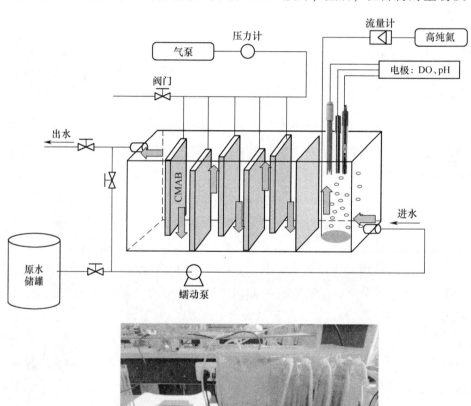

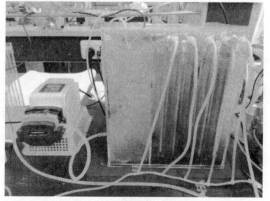

图 7-1 试验室规模 CAMB 系统示意图及实物

应器中单独对每个 CMAB 的脱氮性能进行序批试验，以比较两种包埋模式的脱氮效果。自制的序批试验生物反应器的容积设定为 3L，用于稳定水温的保护套的容积设定为 13L。

用于培养 CMAB 的人工废水由 100mg/L NH₄Cl-N、27mg/L KH$_2$PO$_4$、500mg/L NaHCO$_3$、180mg/L CaCl$_2$·2H$_2$O 和 300mg/L MgSO$_4$·7H$_2$O 组成，每升营养液中加入微量元素 1mL，其中包含 625mg/L EDTA、625mg/L FeSO$_4$·7H$_2$O、190mg/L NiCl$_2$·6H$_2$O、430mg/L ZnSO$_4$·7H$_2$O、220mg/L NaMoO$_4$·2H$_2$O、240mg/L CoCl$_2$·6H$_2$O、990mg/L MnCl$_2$·4H$_2$O 和 250mg/L CuSO$_4$·5H$_2$O[15]。在合成废水中加入 NaHCO$_3$，使合成废水的 pH 值控制在 7.8 左右。

在连续培养试验中，合成废水以 15L/d 的流量投加到 MABR 中，水力停留时间为 1 天，NH$_4$ 负荷率为 0.1kg/(m³·d)。通过加热器将生物反应器中的营养液温度控制在 (30±2)℃，通过 40mL/min 流速的氮气吹脱，使营养液的溶解氧浓度保持在 0.2mg/L 以下；用盖子密封生物反应器，以减弱空气中的氧气扩散；氧气以 2.5g/(m²·d) 的 O$_2$ 表面负荷从膜扩散到凝胶膜。

一周后，将 CMAB 浸入自制的生物反应器中进行 PN/A 序批试验。连续试验的人工废水被用于此试验。通过氮气吹脱和水浴加热套将溶解氧浓度和温度分别保持在 0.2mg/L 以下和 30℃ 左右。连续监测 NH$_4^+$ 和 NO$_3^-$ 浓度，定期测定 NO$_2^-$ 浓度。为了限制凝胶膜对 NH$_4^+$ 的吸附作用，将 CMAB 浸泡在人工废水中 1h，保证序批试验开始时 CMAB 中的 NH$_4^+$ 饱和。

用式（7-1）和式（7-2）计算比 NO$_2^-$ 积累率、比 NO$_3^-$ 产生率和比 NH$_4^+$ 利用率。用 SR_{NH_4} 减去 SR_{NO_x} 计算比总无机氮去除率。

$$SR_{NO_x} = \frac{C_{NO_x\text{-out}} - C_{NO_x\text{-in}}}{TM} \tag{7-1}$$

$$SR_{NH_4} = \frac{C_{NH_4\text{-in}} - C_{NH_4\text{-out}}}{TM} \tag{7-2}$$

式中　$C_{NO_x\text{-in}}$，$C_{NO_x\text{-out}}$，$C_{NH_4\text{-in}}$，$C_{NH_4\text{-out}}$——分别是进水和出水中 NO$_2^-$-N 或 NO$_3^-$-N 浓度，进水和出水中的 NH$_4^+$-N 浓度，mg/L；

T——序批试验的时间，h；

M——凝胶中的生物量浓度，mg/L。

7.2.3 理化分析

用 pH 计和 DO 仪测量 pH、温度和 DO 参数。NH_4^+ 和 NO_3^- 的浓度通过在线 NH_4^+ 和 NO_3^- 电极测量。根据标准方法[17]，通过 0.45μm 膜过滤水样后，用比色法测定 NO_2^- 浓度。总无机氮（TIN）定义为 NH_4^+-N、NO_2^--N 和 NO_3^--N 之和。

对于 CMAB 系统的生物量，首先手动从 PVDF 膜上分离凝胶膜，然后用匀浆器匀浆，通过评估凝胶膜中的蛋白质来计算凝胶内的生物量浓度（以每体积的挥发性悬浮固体（VSS）表示）。

7.2.4 样品采集、DNA 提取、PCR 扩增和高通量测序

包埋了微生物的凝胶膜首先用 PBS 溶液（中国上海 Sangon Biotech）清洗，然后用匀浆机（德国 Fluko F10）匀浆，并在 -20℃ 冷冻，直到分析。按照制造商的说明，使用细菌 DNA 分离试剂盒组件（MoBio Laboratories, Carlsbad, CA, USA）从凝胶膜中提取微生物 DNA。用 NanoDrop ND-2000（NanoDrop Technologies, DE, USA）测量基因组 DNA 的纯度和浓度。用 338F（ACTCCTACGGGAGGCAGCAG）和 806R（GGACTACHVGGGTWTCTAAT）引物对细菌 16SrRNA 基因 V3-V4 区进行 PCR 扩增。PCR 产物经琼脂糖电泳分析，DNA 用 QIAquick 凝胶提取试剂盒（QIAGEN, Germany）纯化。然后，在 Illumina-Miseq 测序器平台（Allwegene Company, Beijing）上对 PCR 产物进行深度测序。

首先筛选原始数据，删除低质量序列。合格的 reads 使用 Illumina Analysis Pipeline 2.6 进行分析。然后，使用 QIIME 对数据集进行分析。序列在 97% 的相似性水平上被聚类成 OTU 的代表性序列。

7.2.5 数值模拟

利用 AQUASIM 2.1d 软件建立了一个一维生物膜模型，模拟了 CMAB 混合和分层模式下凝胶膜内的微生物和营养分布。该模型定义了 5 种可溶性物质：氨氮（S_{NH_4}）、亚硝酸盐氮（S_{NO_2}）、硝酸盐氮（S_{NO_3}）、氮气（S_{N_2}），以及溶解氧（S_{O_2}）。此外，模型中还提出了 5 种颗粒物，即 AOB 生物量（X_{AOB}）、NOB 生物量（X_{NOB}）、anammox 生物量（X_{AMX}）、缓慢降解有机基

质（X_S）和惰性有机物（X_I）。本研究没有考虑 HB 的生化过程，只考虑 AOB、NOB 和 anammox 细菌的生长和衰变，因此，基于先前报道的矩阵[18]，本研究未模拟水解过程。至于 SS，由于本研究未考虑有机质，因此不需要该状态变量。采用 Michaelis-Menten 方程来描述生物生长过程。成分和动力学参数的定义见表 7-1 和表 7-2，过程动力学速率方程和化学计量矩阵见表 7-3 和表 7-4。

表 7-1 模型中组分的定义

序号	组分	定义	单位
模拟溶解组分			
1	S_{O_2}	溶解氧	g O_2/m³
2	S_S	易降解有机物	g COD/m³
3	S_{NH_4}	氨氮	g N/m³
4	S_{NO_2}	亚硝酸盐氮	g N/m³
5	S_{NO_3}	硝酸盐氮	g N/m³
模拟颗粒组分			
1	X_{AOB}	好氧氨氧化菌	g COD/m³
2	X_{AMX}	厌氧氨氧化菌	g COD/m³
3	X_{NOB}	亚硝酸盐氧化菌	g COD/m³
4	X_I	惰性有机物	g COD/m³

表 7-2 模型的动力学和化学计量参数

参数	定义	数值	单位	来源
好氧氨氧化菌（AOB）				
Y_{AOB}	AOB 的产率	0.15	g COD/g N	Wiesmann, 1994
μ_{AOB}	AOB 的最大生长率	0.0854	h⁻¹	Wiesmann, 1994
b_{AOB}	AOB 的衰减率系数	0.0054	h⁻¹	Wiesmann, 1994
$K_{O_2}^{AOB}$	AOB 对溶解氧的亲和常数	0.6	g DO/m³	Wiesmann, 1994
$K_{NH_4}^{AOB}$	AOB 对氨氮的亲和常数	2.4	g N/m³	Wiesmann, 1994
亚硝酸盐氧化菌（NOB）				
Y_{NOB}	NOB 的产率	0.041	g COD/g N	Wiesmann, 1994

续表 7-2

参数	定义	数值	单位	来源
亚硝酸盐氧化菌（NOB）				
μ_{NOB}	NOB 的最大生长率	0.0604	h^{-1}	Wiesmann, 1994
b_{NOB}	NOB 的衰减率系数	0.0025	h^{-1}	Wiesmann, 1994
$K_{O_2}^{NOB}$	NOB 对溶解氧的亲和常数	2.2	$g\ DO/m^3$	Wiesmann, 1994
$K_{NO_2}^{NOB}$	NOB 对亚硝酸盐氮的亲和常数	5.5	$g\ N/m^3$	Wiesmann, 1994
厌氧氨氧化菌（Anammox）				
Y_{AMX}	Anammox 的产率	0.159	$g\ COD/g\ N$	Strous 等, 1998
μ_{AMX}	Anammox 的最大生长率	0.0030	h^{-1}	Koch 等, 2000
b_{AMX}	Anammox 的衰减率系数	0.00013	h^{-1}	Hao 等, 2002
$K_{O_2}^{AMX}$	Anammox 的溶解氧抑制常数	0.01	$g\ DO/m^3$	Strous 等, 1998
$K_{NH_4}^{AMX}$	Anammox 对氨氮的亲和常数	0.07	$g\ N/m^3$	Strous 等, 1998
$K_{NO_2}^{AMX}$	Anammox 对亚硝酸盐氮的亲和常数	0.05	$g\ N/m^3$	Hao 等, 2002
其他化学计量参数				
i_{NBM}	生物质氮含量	0.07	$g\ N/g\ COD$	Henze 等, 2000
i_{NXI}	X_I 的氮含量	0.02	$g\ N/g\ COD$	Henze 等, 2000
f_I	X_I 在生物量衰减中的比例	0.10	$g\ COD/g\ COD$	Henze 等, 2000

表 7-3 模型的过程动力学速率方程

方程	动力学速率表达式
（1）好氧氨氧化菌生长	$\mu_{AOB} \dfrac{S_{O_2}}{K_{O_2}^{AOB} + S_{O_2}} \dfrac{S_{NH_4}}{K_{NH_4}^{AOB} + S_{NH_4}} X_{AOB}$
（2）好氧氨氧化菌死亡	$b_{AOB} X_{AOB}$
（3）亚硝酸盐氧化菌生长	$\mu_{NOB} \dfrac{S_{O_2}}{K_{O_2}^{NOB} + S_{O_2}} \dfrac{S_{NO_2}}{K_{NO_2}^{NOB} + S_{NO_2}} X_{NOB}$
（4）亚硝酸盐氧化菌死亡	$b_{NOB} X_{NOB}$
（5）厌氧氨氧化菌生长	$\mu_{AMX} \dfrac{K_{O_2}^{AMX}}{K_{O_2}^{AMX} + S_{O_2}} \dfrac{S_{NH_4}}{K_{NH_4}^{AMX} + S_{NH_4}} \dfrac{S_{NO_2}}{K_{NO_2}^{AMX} + S_{NO_2}} X_{AMX}$
（6）厌氧氨氧化菌死亡	$b_{AMX} X_{AMX}$

表 7-4 模型的化学计量矩阵

变量	S_{O_2}	S_{NH_4}	S_{NO_2}	S_{NO_3}	S_{N_2}	X_S	X_H	X_{AOB}	X_{NOB}	X_{AMX}	X_I
方程	O_2	N	N	N	N	COD	COD	COD	COD	COD	COD
1	$-\dfrac{3.43-Y_{AOB}}{Y_{AOB}}$	$-i_{NBM}-\dfrac{1}{Y_{AOB}}$	$\dfrac{1}{Y_{AOB}}$					1			
2		$i_{NBM}-i_{NXI}f_I$				$1-f_I$		-1			f_I
3	$-\dfrac{1.14-Y_{NOB}}{Y_{NOB}}$	$-i_{NBM}$	$-\dfrac{1}{Y_{NOB}}$	$\dfrac{1}{Y_{NOB}}$					1		
4		$i_{NBM}-i_{NXI}f_I$				$1-f_I$			-1		f_I
5		$-i_{NBM}-\dfrac{1}{Y_{AMX}}$	$-\dfrac{1}{Y_{AMX}}-\dfrac{1}{1.14}$	$\dfrac{1}{1.14}$	$\dfrac{2}{Y_{AMX}}$					1	
6		$i_{NBM}-i_{NXI}f_I$				$1-f_I$				-1	f_I

通过数值模拟比较了两种微生物 CMAB 包埋方式对凝胶膜中微生物和营养成分的影响。在混合模式中，AOB、NOB 和 anammox 菌被设置为单个生物膜室中的颗粒变量。在分层模式中，AOB 和 NOB 被认为位于从气室接受氧气的曝气生物膜室中，anammox 细菌位于曝气生物膜室外部的另一缺氧生物膜室中。CMAB 的两种微生物包埋模式的详细信息如图 7-2 所示。在混合模式

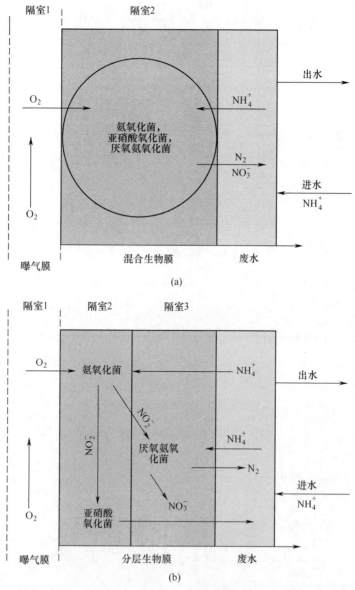

图 7-2　混合模式（a）和分层模式（b）下复合膜曝气生物膜反应器概念

下，O_2 和 NH_4^+ 分别从隔室 1 和营养液扩散到隔室 2。在分层模式中，隔室 1 的氧气先扩散到隔室 2，然后扩散到隔室 3；而营养液中 NH_4^+ 的扩散方向正好相反。表 7-5 为设计的 3 种不同的方案。标准模拟（方案Ⅰ）是在 O_2 表面负荷为 $2.5g/(m^2 \cdot d)$ 的情况下进行，包括生物膜厚度为 $500\mu m$ 的混合模式以及 AOB 和 anammox 生物膜厚度分别为 $250\mu m$ 的分层模式。此外，方案Ⅱ和方案Ⅲ分别研究了分层模式下 PN 膜和 anammox 膜厚度的比例以及 O_2 表面负荷对 CMAB 系统性能的影响。

表 7-5 模型模拟方案概况

方案	标准条件	变化条件
方案Ⅰ 标准模拟	$L_{O_2} = 2.5g/(m^2 \cdot d)$ $S_{NH_4} = 300gN/m^3$ 混合模式：$L_f = 500\mu m$ 分层模式：$L_{fAOB} = 250\mu m$， $L_{fAMX} = 250\mu m$	
方案Ⅱ 分层模式膜厚度的比例对 CMAB 系统性能的影响	$L_{O_2} = 2.5g/(m^2 \cdot d)$ 混合模式：$L_f = 500\mu m$， $S_{NH_4} = 300gN/m^3$	分层模式：$L_{fAOB} = 100\sim400\mu m$， $L_{fAMX} = 400\sim100\mu m$
方案Ⅲ L_{O_2} 对 CMAB 系统性能的影响	$S_{NH_4} = 300gN/m^3$ 混合模式：$L_f = 500\mu m$ 分层模式：$L_{fAOB} = 250\mu m$， $L_{fAMX} = 250\mu m$	$L_{O_2} = 0.5\sim3.0g/(m^2 \cdot d)$

7.3 结果与讨论

7.3.1 脱氮性能评价

比较了两种 CMAB 制备模式（混合模式和分层模式）对 PN/A 性能的影响。进行了序批试验，以监测 NH_4^+ 消耗量以及 NO_2^- 和 NO_3^- 的产生量（如图 7-3 所示）。NH_4^+-N、NO_2^--N 和 NO_3^--N 浓度的标准差分别为 $0.97\sim8.97mg/L$、$0.67\sim1.93mg/L$ 和 $0.06\sim2.82mg/L$。显然，在这两种制备模式中，NH_4^+ 浓度

显著降低，而 NO_2^- 和 NO_3^- 浓度略有增加。这意味着 AOB 在 CMAB 系统中是有活性的，与所选的包埋模式无关。同样，Qiao 等人[19]在凝胶小球中包埋了短程硝化菌和 anammox 菌，在运行的 200 天内，维持着相当低的出水 NO_2^- 和 NO_3^- 浓度。此外，混合模式的 NH_4^+ 降低速度比分层模式慢。这可能是因为分层模式允许 AOB 和 anammox 菌在互不干扰的情况下截留在独立的区域。此外，在分层模式下观察到少量的 NO_2^-。这可能是因为当大多数 AOB 被人为地分配到膜的内部时，发生了快速的短程硝化。

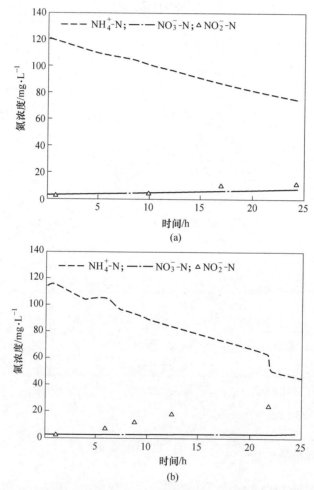

图 7-3　混合（a）和分层（b）包埋模式下 CMAB 序批试验中
NH_4^+-N、NO_2^--N 和 NO_3^--N 浓度的变化

然而，两种包埋方式在脱氮性能和 pH 值（7.8~8.2）方面存在明显差

异。由于两种模式的凝胶膜生物量的不同,选择比氮素转化率来评价脱氮性能。如表7-6所示,与分层模式相比,混合模式的比 NH_4^+ 去除率和比 NO_2^- 累积率较低,但比 NO_3^- 产生率较高。因此,混合和分层模式的比 TIN 去除率分别为 86.86mg/(gVSS·d) 和 132.88mg/(gVSS·d)。然而,Zhang 等人[20]的研究表示高溶解氧水平下的值比 TIN 去除率为 478mg/(gVSS·d),比低溶解氧水平时下降了 43.7%。可能是由于 CMAB 的启动时间较短,故本研究的比 TIN 去除率较低。一般来说,可以认为分层模式的 PN/A 效率高于混合模式。这种分层模式的优越性是因为在凝胶膜内各独立区域分布了具有不同氮素转化功能的微生物。硝化细菌被限制在凝胶膜的内部,在那里它们促进了溶解氧的消耗,溶解氧是从充气的聚偏氟乙烯(PVDF)膜中扩散出来的。此外,anammox 菌位于凝胶膜的外区,避免了 DO 的抑制。分层模式有利于提高协同脱氮性能。

表 7-6 混合和分层包埋模式下 CMAB 的氮素转化率汇总

包埋形式	生物量 /gVSS·L^{-1}	ΔNH_4^+-N /mg·L^{-1}	$^1 SR_{NH_4^+\text{-}N}$ /mg·(gVSS·d)$^{-1}$	ΔNO_2^--N /mg·L^{-1}	$^2 SR_{NO_2^-\text{-}N}$ /mg·(gVSS·d)$^{-1}$	ΔNO_3^--N /mg·L^{-1}	$^3 SR_{NO_3^-\text{-}N}$ /mg·(gVSS·d)$^{-1}$	$^4 SR_{TIN}$ /mg·(gVSS·d)$^{-1}$
混合模式	0.250±0.025	56.07±7.84	172.61	22.62±5.39	72.19	4.06±2.32	13.56	86.86
分层模式	0.257±0.031	88.91±3.23	256.45	36.39±5.46	114.35	2.81±2.60	9.21	132.88

注:$^1 SR_{NH_4^+\text{-}N}$ 代表比 NH_4^+-N 利用速率;$^2 SR_{NO_2^-\text{-}N}$ 代表比 NO_2^--N 积累速率;$^3 SR_{NO_3^-\text{-}N}$ 代表比 NO_3^--N 产生速率;$^4 SRT_{TIN}$ 代表比总无机氮去除率。

7.3.2 微生物群落分析

比较了两种包埋方式的微生物群落。分层模式的凝胶膜分为内外两部分,内外部分别为接种了悬浮污泥和厌氧氨氧化菌的凝胶膜。将凝胶膜通过高速匀浆机打碎混合均匀,进行高通量测序分析。对 3 个样本(见表 7-7)的原始序列进行过滤后,获得 64394~71522 个高质量的序列,共 436~558 个 OTUs。

混合样品的 Shannon 和 Chao1 指数最高,表明其细菌多样性和丰富度最高。Simpson 和 ACE 指数进一步证实了这一点。混合模式凝胶膜同时包含好氧和厌氧细菌,而混合模式凝胶膜的内层和外层可能分别促进好氧微生物和厌氧微生物的生长。结果表明,混合模式凝胶膜中的微生物种类比分层模式的内外凝胶膜中的微生物种类丰富。CMAB 的 Shannon 指数低于传统 MAB[21],说明凝胶膜载体可能会降低微生物多样性。

表 7-7 混合包埋模式、分层包埋模式的外部和内部凝胶膜的细菌群落多样性指数

指　数	混合包埋模式	分层包埋模式外层	分层包埋模式内层
序列	64394	67369	71522
OTUs	558	436	516
Shannon 指数	5.883	4.620	3.995
Simpson 指数	0.796	0.880	0.954
Chao1 指数	620.255	511.053	558.703
ACE 指数	604.071	513.947	569.115

在门水平上,变形菌门 *Proteobacteria* (40.3%~63.7%) 是所有样本中最丰富的门 (如图 7-4 所示)。这与之前的废水处理过程中对优势菌门的研究一致[16,22,23]。其他优势菌门的丰度在三个样品中差异很大,包括拟杆菌门 *Bacteroidetes* (11.1%~42.7%)、厚壁菌门 *Firmicutes* (2.7%~12.2%)、浮霉菌门 *Planctomycetes* (0.6%~7.5%)、绿弯菌门 *Chloroflexi* (0.3%~2.2%) 和酸杆菌门 *Acidobacteria* (0.6%~1.9%)。不同种类的菌对其生存环境有不同的偏好。例如,分层模式的内凝胶膜含有最高比例的 *Bacteroidetes*,而混合模式的凝胶膜含有较高的 *Firmicutes* 和 *Chloroflexi*。此外,分层模式的外部凝胶膜中,*Planctomycetes* 大量富集,表明 anammox 主要发生在该区域。总之,本研究中确定的核心菌门在 anammox 反应器中发挥重要作用[24~26]。

在属水平上 (如图 7-5 所示),三个样品的核心微生物种群丰度表现出明显的差异。如芽孢杆菌 *Bacillus* (9.8%) 和亚硝基单胞菌 *Nitrosomonas* (8.4%) 是混合模式凝胶膜中最丰富的两个属;在分层模式的外部凝胶膜中,假单胞菌 *Pseudomonas* (14.4%) 和 *Candidatus Kuenenia* (7.5%) 名列前两位;而在分层模式的内部凝胶膜中,*Pedobacter* (39.1%) 和 *Nitrosomonas*

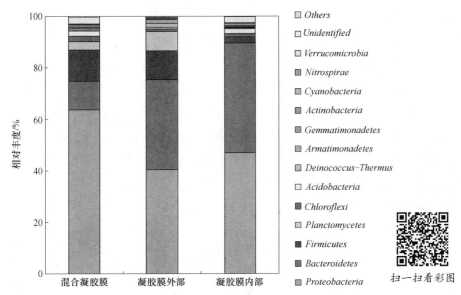

图 7-4 门水平上混合包埋模式、分层包埋模式的外部和内部凝胶膜
（相对丰度小于 0.1% 的门归为其他类）的微生物群落组成

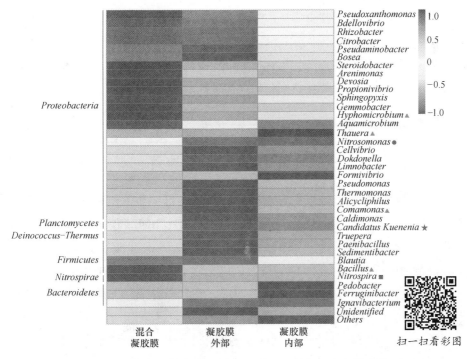

图 7-5 混合包埋模式、分层包埋模式的外部和内部凝胶膜
（相对丰度小于 0.5% 的属归为其他类）的属水平热图（厌氧氨氧化菌：★；
氨氧化菌：●；亚硝酸盐氧化菌：■；反硝化菌：▲）

（15.9%）是最丰富的两个属。因此，分层模式被证实将好氧 AOB 和 anammox 菌分离在凝胶膜的两个独立区域。当这些不同的微生物被包埋在混合模式凝胶膜中时，AOB 和 anammox 菌的数量同时减少。

与分层模式相比，在混合模式下，属于 *Proteobacteria* 门的一些属（例如 *Pseudoxanthomonas*、*Steroidobacter* 和 *Hyphomicrobium*）的丰度有不同程度的增加。同样，在反硝化过程中起重要作用的芽孢杆菌 *Bacillus* 也存活在混合模式的凝胶膜中。由于人工废水中不含有机物，反硝化细菌的存在可能是由于活性微生物死亡产生的惰性生物量所致。与此相反，NOB 属的 *Nitrospira* 在三个样品中始终保持低丰度，从 0.45%~0.58%不等，意味着 NOB 在凝胶膜的环境中被抑制了。

在分层模式的外部凝胶膜中，主要的 anammox 微生物 *Candidatus Kuenenia* 被富集了。这表明 anammox 菌在凝胶中能够存活，并能获得良好的 anammox 活性。此外，在先前的研究中，还报道了另外两种 anammox 菌。*Candidatus Jettenia* 在 PVA/SA 凝胶小球中占优势地位[27]，在硝化/厌氧氨氧化系统中，即使在有机物浓度较高的情况下也能检测到 *Candidatus Brocadia*[28]。作为反硝化菌的一种，外部凝胶膜的环境也有利于 *Comamonas*（1.5%）的生长。在分层模式的内部凝胶膜中，AOB 属、*Nitrosomonas* 和其他属，如 *Cellvibrio*、*Formivibrio* 和 *Pedobacter* 得到了大量的富集。这进一步验证了分层模式在独立区域分布好氧硝化菌和厌氧氨氧化菌的优越性。

7.3.3 CMAB 的数值模拟

7.3.3.1 包埋方式对微生物和基质分布的影响

除了比较两种包埋方式的试验研究外，还进行了数值模拟，以模拟它们的微生物分布。如图 7-6 所示，anammox 菌、AOB、NOB 和惰性生物量的分布完全不同。在混合模式下，anammox 菌在凝胶膜外部区域占优势，在 500~300μm 范围内逐渐减少，在 140μm 范围内急剧下降至零，而 AOB 在凝胶膜内部区域占优势，这是由于异向传质造成的。在异向传质中，氧气从内部转移到外部空间，而营养物质则以相反的方向传质。先前研究还表明，内层和缺氧外层分别存在短程硝化作用和厌氧氨氧化作用，从而实现了单级自养脱氮[29]。此外，由于 anammox 菌和 AOB 的下降发生在 150μm 左右，因此惰性生物量在此达到最大值。

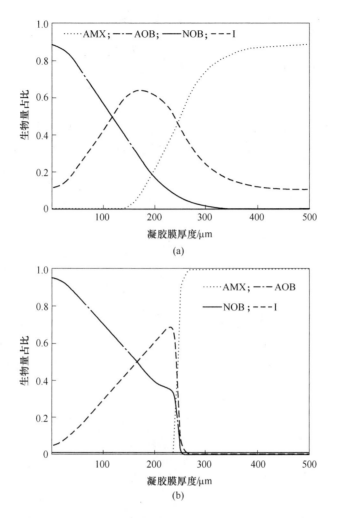

图 7-6 混合（a）和分层（b）包埋模式凝胶膜中微生物剖面的模型模拟结果
（AMX 代表厌氧氨氧化菌；AOB 代表氨氧化菌；
NOB 代表亚硝酸盐氧化菌；I 代表惰性生物量）

与混合模式不同，分层模式在 250~500μm 区域产生恒定的 anammox 生物量分数（约100%）。这表明与混合模式相比，人工控制凝胶膜外部区域的 anammox 菌能大大增加 anammox 细菌的比率。相反，AOB 在内部区域占主导地位，在 0~250μm 范围内逐渐减少。随着 AOB 生物量分数的降低，惰性生物量分数也相应增加。因此，与混合模式相比，分层模式人为地允许 anammox 菌和 AOB 菌在更合理的区域内分布。因为有了合理的微生物群落分布，分层模式的脱氮性能明显优于混合模式，这也得到了之前脱氮试验结果的支持。

图 7-7 所示为两种包埋模式的凝胶膜中营养物质模拟的结果。时间步长设为 0.5μm，模拟的步长数为 1000。在混合模式 31μm 以上和分层模式 16μm 以上的区域，溶解氧浓度都降为 0。在混合模式下，NH_4^+-N 浓度保持在 80mg/L 以下，且沿凝胶膜剖面无明显变化，去除的 NH_4^+ 大部分转化为 NO_2^-（高达 137mg/L）。此外，由于凝胶膜内氧气条件的限制，膜内 NO_3^- 浓度始终较低。混合模式 CMAB 与传统 MAB 的基质状况不同。例如，Peng 等人[18]的研究表示，在 130μm 以上的区域溶解氧浓度耗尽，在生物膜中主要积累的是 NO_3^- 而不是 NO_2^-。CMAB 中凝胶的传质限制可能是导致 DO 浓度显著下降和 NOB 生长受到强烈抑制的原因。

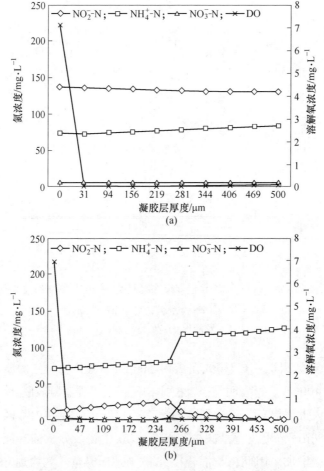

图 7-7 混合（a）和分层（b）包埋模式的凝胶膜的基质模拟结果

然而分层模式的结果不同,从图 7-7 中观察到 NO_2^- 和 NO_3^- 的累积可忽略,这意味着 anammox 过程成功发生。此外,根据微生物剖面,分层模式下在 250μm 处无机氮浓度有明显的变化,其中 NH_4^+ 和 NO_3^- 浓度突然下降,NO_2^- 浓度略有上升。总的来说,微生物和营养剖面的结果证实了分层模式比混合模式更适合 PN/A 过程。

7.3.3.2 膜厚度对微生物和基质剖面的影响

在方案 I 中,AOB 和 anammox 菌的凝胶膜厚度被设定为相等,并在制备 CMAB 时通过人工控制凝胶量来调整 PN 膜和 anammox 膜厚度的比例。图 7-8 所示为在 PN 膜和 anammox 膜厚度比例分别为 1∶4、2∶3、1∶1、3∶2 和 4∶1 的情况下混合模式和分层模式下的微生物和基质剖面。这些比例的变化可能导致微生物和营养成分的差异。

关于微生物剖面(如图 7-8(a)所示),随着 PN 凝胶膜厚度的增加,由于 anammox 膜厚度的降低,anammox 菌的比例相应地从 80% 降低到 60%。但 PN 凝胶膜厚度的增加使惰性生物量组分增加,而不是 AOB 组分。换句话说,AOB 组分对 PN 凝胶膜厚度的变化不敏感。这可能是被凝胶膜中的氧传质限制了,DO 只能穿透厚度小于 100μm 的膜。同样,Peng 等人[18]也报告说,生物膜内层的溶解氧从 0μm 到 100μm 迅速减少。因此,PN 膜的凝胶量可以保持在较低的水平,减少凝胶消耗。有趣的是,混合模式显示出与分层模式(比率为 4∶1)相似的结果。这表明在分层模式中 anammox 凝胶膜的比例需要保持足够高,否则,分层模式的优势就无法体现。由于很少有模型研究考虑 PN 和 anammox 的比例,本研究仅比较混合模式的 CMAB 和传统 MAB 的结果。这种比较表明,MAB 中只存在 AOB,不存在 anammox 菌[18],而在本研究的混合模式下,anammox 菌占 CMAB 中微生物总数的 56%。因此,CMAB 促进了 anammox 菌在反应器中的保留,并且通过采用分层模式进一步加强了这种效果(如图 7-8(a)所示)。

关于 PN 膜和 anammox 膜厚度比对出水无机氮浓度的影响(如图 7-8(b)所示),增加 anammox 生物量分数会导致 NH_4^+-N(从 200 降低至 60mg/L)和 NO_2^--N(从 25 降低至 0mg/L)的减少,而 NO_3^-(从 10 变化为 30mg/L)微弱增加。特别是当 PN 膜和 anammox 膜厚比保持在 3∶2 以下时,NO_2^- 含量完全耗尽。这意味着当 anammox 凝胶膜厚度大于 PN 凝胶膜厚度时,anammox 速率开始赶超 PN 速率。此外，分层模式和混合模式之间的差异也很明显。尽管混合模式的出水氨氮比 PN 膜和 anammox 膜厚比为 4∶1 的分层模式低，但由于 anammox 工艺效率低，混合模式的出水 NO_2^- 积累很大。当采用分层模式时，随着 anammox 凝胶膜组分的增加，出水 NH_4^+ 和 NO_2^- 含量开始下降。

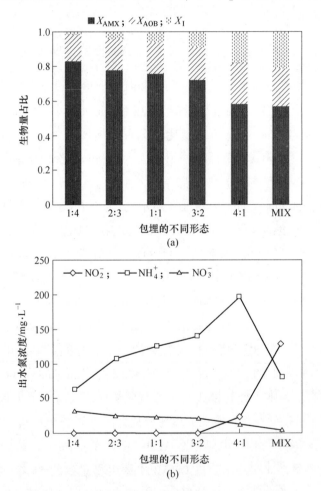

图 7-8　混合（MIX）和分层包埋模式（PN 膜与 anammox 膜厚度之比分别设置为 1∶4，2∶3，1∶1，3∶2，4∶1）凝胶膜的生物量 (a) 和出水氮浓度 (b) 的模拟结果
（AMX 为 anammox 菌；AOB 为氨氧化菌；I 为惰性生物量）

保持合适的生物膜厚度对于保证最佳系统性能至关重要[30,31]。为了获得合适的生物膜厚度，人们采用了几种策略，例如通过再循环和反洗来控制剪切力[30]。本研究的模拟结果显示，分层模式在维持生物膜厚度，甚至控制

AOB 与 anammox 菌之比方面，是一个有效的选择。这为实际应用中提高系统性能提供了一种可行的方法。

7.3.3.3 气压对脱氮性能和微生物分布的影响

气压决定 DO 在凝胶膜中的扩散效率，直接影响 anammox 菌和硝化细菌的活性。在混合模式下，随着 O_2 表面负荷从 $0.5g/(m^2 \cdot d)$ 增加到 $3.0g/(m^2 \cdot d)$，anammox 菌的比例略有下降（如图7-9(a)所示）。因此，可以认为气压对混合模式中 anammox 生物量分数的影响忽略不计。在分层模式中也发现了同样的现象，在分层模式中，O_2 表面负荷对微生物分布的影响不如混合模式显著。尤其是 anammox 菌、AOB 和惰性生物量的分数分别保持在 76%、18% 和 6%。气压作用可忽略的主要原因可能是 DO 在凝胶膜中的渗透深度有限。在两种包埋模式中，大部分溶解氧浓度在 $0 \sim 100 \mu m$ 的厚度中被消耗。很明显，$500 \mu m$ 的凝胶膜厚度对于溶解氧扩散来说太厚了。

在 Chen 等人[32]的研究中，O_2 表面负荷（$1.0 \sim 6.0g/(m^2 \cdot d)$）对微生物分布的影响同样微弱，厌氧氨氧化菌占活性生物量的 70% 以上。然而，据报道，超过 $2.5g/(m^2 \cdot d)$ 的高 O_2 表面负荷可以完全抑制 anammox 菌，而对 AOB 分数的影响很小[18]。这些发现强调了凝胶包埋技术在实现稳定的 anammox 过程中的优越性。

虽然 O_2 表面负荷对微生物的分布没有明显的影响，但出水氮浓度与 O_2 表面负荷有着密切的关系。如图 7-10 所示，在不同的 O_2 表面负荷下，NO_3^- 浓度在两种包埋模式下都持续保持较低水平，这对应于图 7-9 所示的低 NOB 生物量分数。在混合模式下，随着 O_2 负荷率的增加，出水 NH_4^+-N 浓度从 170mg/L 下降到 60mg/L，NO_2^--N 浓度从 10mg/L 上升到 160mg/L，说明 O_2 负荷的增加对硝化过程和 AOB 活性都有促进作用。但在分层模式下，出水 NH_4^+ 浓度高于混合模式。此外，在所有的 O_2 负荷率下，没有发现明显的 NO_2^- 和 NO_3^- 积累。因此，这证实了分层模式成功地增强了 anammox 过程。

此外，随着 O_2 表面负荷的增加，出水 NH_4^+-N 含量从 203mg/L 逐渐下降到 111mg/L，分层模式下 NO_2^- 和 NO_3^- 没有显著增加（如图 7-10（b）所示）。这表明高的 O_2 表面负荷促进了 AOB 的活性，但同时 anammox 菌

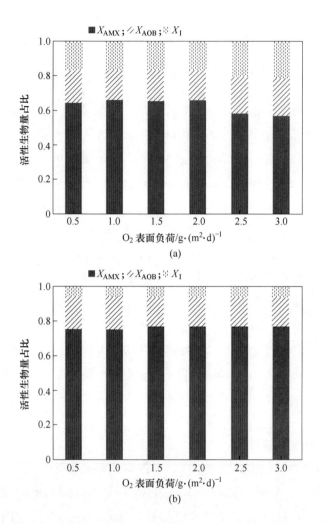

图 7-9　不同 O_2 表面负荷下混合（a）和分层（b）包埋模式凝胶膜的生物
量模拟结果（AMX 为 anammox 菌；AOB 为氨氧化菌；I 为惰性生物量）

的活性没有受到抑制，这可能是由于 DO 在凝胶膜中扩散受限。特别在分层模式中，在 $2.5g/(m^2 \cdot d)$ 的 O_2 表面负荷下生物膜内 O_2 的穿透深度被模拟为 $16\mu m$（如图 7-9（b）所示）。对 anammox 菌来说，这是一段很长的距离。分层模式中，凝胶膜内的 AOB 优先获得 DO，凝胶膜可以保护 anammox 菌免受 DO 的抑制。然而，有报道称，超过 $2.5g/(m^2 \cdot d)$ 的高 O_2 表面负荷可改善 NO_2^- 的积累[18]。这进一步突出了凝胶包埋对 PN/A 过程稳定的优越性。

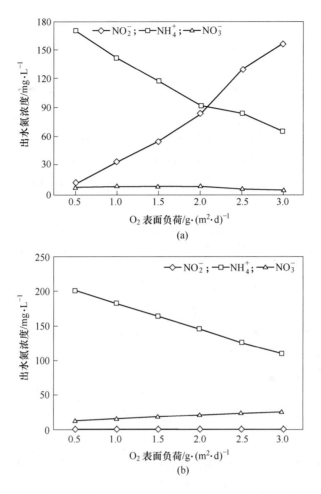

图 7-10　不同 O_2 表面负荷下混合（a）和分层（b）包埋模式
凝胶膜的出水氮浓度模拟结果

7.4　结论

试验结果表明，尽管分层模式和混合模式的 NO_2^- 和 NO_3^- 积累量都很低，但分层模式脱氮率高于混合模式。Candidatus Kuenenia 在混合模式的凝胶膜和分层模式的外部凝胶膜中被鉴定为主要的 anammox 物种。与此相反，*Nitrosomonas* 是 AOB 的一种，它富集在分层模式的内部凝胶膜和混合模式的凝胶膜中。模拟结果进一步证实了分层模式对于凝胶膜中合理的微生物和基质分布的优势。PN 膜和 anammox 膜厚度之比应保持在 3∶2 以下，以获得较高的

anammox 菌组分并避免 NO_2^- 的累积。O_2 表面负荷的增加不会影响微生物分布，但能促进分层模式下 TN 的去除性能。

参 考 文 献

[1] Daigger G T. Oxygen and carbon requirements for biological nitrogen removal processes accomplishing nitrification, nitritation, and anammox [J]. Water Environment Research, 2014, 86 (3): 204~209.

[2] Jetten Mike S M, Horn Svein J, Van Loosdrecht Mark C M. Towards a more sustainable municipal wastewater treatment system [J]. Water Science & Technology, 1997, 35(9): 171~180.

[3] Lackner S, Gilbert E M, Vlaeminck S E, et al. Full-scale partial nitritation/anammox experiences—An application survey [J]. Water Research, 2014, 55: 292~303.

[4] Wells G F, Shi Y, Laureni M, et al. Comparing the resistance, resilience, and stability of replicate moving bed biofilm and suspended growth combined nitritation-anammox reactors [J]. Environmental Science & Technology, 2017, 51: 5108~5117.

[5] Wett B. Development and implementation of a robust deammonification process [J]. Water Science & Technology A Journal of the International Association on Water Pollution Research, 2007, 56 (7): 81~88.

[6] Joss Adriano, Salzgeber David, Eugster Jack, et al. Full-scale nitrogen removal from digester liquid with partial nitrition and anammox in one SBR [J]. Environmental Science & Technology, 2009, 43 (14): 5301~5306.

[7] Cho Sunja, Fujii Naoki, Lee Taeho, et al. Development of a simultaneous partial nitrification and anaerobic ammonia oxidation process in a single reactor [J]. Bioresource Technology, 2011, 102 (2): 652~659.

[8] Lotti T, Kleerebezem R, Hu Z, et al. Simultaneous partial nitritation and anammox at low temperature with granular sludge [J]. Water Research, 2014, 66: 111~121.

[9] Casey E, Glennon B, Hamer G. Review of membrane aerated biofilm reactors [J]. Resources, Conservation & Recycling, 1999, 27 (1-2): 203~215.

[10] Pellicer-Nàcher Carles, Sun Shengpeng, Lackner Susanne, et al. Sequential aeration of membrane-aerated biofilm reactors for high-rate autotrophic nitrogen removal: experimental demonstration [J]. Environmental Science & Technology, 2010, 44 (19): 7628~7634.

[11] Gilmore K R, Terada A, Smets B F, et al. Autotrophic nitrogen removal in a membrane-

aerated biofilm reactor under continuous aeration: A demonstration [J]. Environmental Engineering Science, 2013, 30 (1): 38~45.

[12] Ni Bing Jie, Smets Barth F, Yuan Zhiguo, et al. Model-based evaluation of the role of Anammox on nitric oxide and nitrous oxide productions in membrane aerated biofilm reactor [J]. Journal of Membrane Science, 2013, 446: 332~340.

[13] Wu Jun, Zhang Yue. Evaluation of the impact of organic material on the anaerobic methane and ammonium removal in a membrane aerated biofilm reactor (MABR) based on the multispecies biofilm modeling [J]. Environmental Science and Pollution Research, 2017, 24 (2): 1677~1685.

[14] Zeng Ming, Yang Junfeng, Wang Hongting, et al. Application of a composite membrane aerated biofilm with controllable biofilm thickness in nitrogen removal [J]. Journal of Chemical Technology & Biotechnology, 2020, 95 (3): 875~884.

[15] Nan Wu, Zeng Ming, Zhu Baifeng, et al. Impacts of different morphologies of anammox bacteria on nitrogen removal performance of a hybrid bioreactor: Suspended sludge, biofilm and gel beads [J]. Chemosphere, 2018, 208: 460~468.

[16] Zeng M, Hu J, Wang D H, et al. Improving a compact biofilm reactor to realize efficient nitrogen removal performance: step-feed, intermittent aeration, and immobilization technique [J]. Environmental Science and Pollution Research, 2018, 25 (7): 6240~6250.

[17] Apha. Standard methods for the examination of water and wastewater [M]. 16th ed. Washington, DC: American Public Health Association, 1992.

[18] Peng Lai, Chen Xueming, Xu Yifeng, et al. Biodegradation of pharmaceuticals in membrane aerated biofilm reactor for autotrophic nitrogen removal: A model-based evaluation [J]. Journal of Membrane Science, 2015, 494: 39~47.

[19] Qiao Sen, Tian Tian, Duan Xiumei, et al. Novel single-stage autotrophic nitrogen removal via co-immobilizing partial nitrifying and anammox biomass [J]. Chemical Engineering Journal, 2013, 230: 19~26.

[20] Zhang Y, Li T, Qiang Z, et al. Current research progress on the membrane-aerated biofilm reactor (MABR): A review [J]. Huanjing Kexue Xuebao, 2011, 31 (6): 1133~1143.

[21] Tian Hailong, Liu Jie, Feng Tengteng, et al. Assessing the performance and microbial structure of biofilms adhering on aerated membranes for domestic saline sewage treatment [J]. Rsc Advances, 2017, 7 (44): 27198~27205.

[22] Peng Xingxing, Guo Feng, Ju Feng, et al. Shifts in the microbial community, nitrifiers and denitrifiers in the biofilm in a full-scale rotating biological contactor [J]. Environmental Science & Technology, 2014, 48 (14): 8044~8052.

[23] Wu Nan, Li Xiaofang, Huang Guoshuai, et al. Adsorption and biodegradation functions of novel microbial embedding polyvinyl alcohol gel beads modified with cyclodextrin: A case study of benzene [J]. Environmental Technology, 2019, 40 (15): 1948~1958.

[24] Li Xiaojin, Sun Shan, Yuan Heyang, et al. Mainstream upflow nitritation-anammox system with hybrid anaerobic pretreatment: Long-term performance and microbial community dynamics [J]. Water Research, 2017, 125 (15): 298~308.

[25] Meng Yabing, Sheng Binbin, Meng Fangang. Changes in nitrogen removal and microbiota of anammox biofilm reactors under tetracycline stress at environmentally and industrially relevant concentrations [J]. Ence of the Total Environment, 2019, 668 (10): 379~388.

[26] Pereira Alyne Duarte, Leal Cíntia Dutra, Dias Marcela Fran A, et al. Effect of phenol on the nitrogen removal performance and microbial community structure and composition of an anammox reactor [J]. Bioresource Technology, 2014, 166: 103~111.

[27] Cho Kyungjin, Choi Minkyu, Jeong Dawoon, et al. Comparison of inoculum sources for long-term process performance and fate of ANAMMOX bacteria niche in poly (vinyl alcohol)/sodium alginate gel beads [J]. Chemosphere, 2017, 185: 394~402.

[28] Jenni Sarina, Vlaeminck Siegfried E, Morgenroth Eberhard, et al. Successful application of nitritation/anammox to wastewater with elevated organic carbon to ammonia ratios [J]. Water Research, 2014, 49 (2): 316~326.

[29] Gong Zheng, Yang Fenglin, Liu Sitong, et al. Feasibility of a membrane-aerated biofilm reactor to achieve single-stage autotrophic nitrogen removal based on Anammox [J]. Chemosphere, 2007, 69 (5): 776~784.

[30] Celmer D, Oleszkiewicz J A, Cicek N. Impact of shear force on the biofilm structure and performance of a membrane biofilm reactor for tertiary hydrogen-driven denitrification of municipal wastewater [J]. Water Research, 2008, 42 (12): 3057~3065.

[31] Motlagh Ali R Ahmadi, Lapara Timothy M, Semmens Michael J. Ammonium removal in advective-flow membrane-aerated biofilm reactors (AF-MABRs) [J]. Journal of Membrane Science, 2008, 319 (1~2): 76~81.

[32] Chen Xueming, Liu Yiwen, Peng Lai, et al. Model-based feasibility assessment of membrane biofilm reactor to achieve simultaneous ammonium, dissolved methane, and sulfide removal from anaerobic digestion liquor [J]. Scientific Reports, 2016, 6 (1): 1~13.

8 侧流与主流条件下凝胶包埋对微生物的影响

8.1 引言

厌氧氨氧化（anammox）是一种新型的生物脱氮工艺，其利用厌氧氨氧化菌将氨氮和亚硝酸盐同时转化为氮气，并产生少量硝酸盐[1]。与传统的硝化/反硝化工艺相比，厌氧氨氧化工艺具有高效、经济、污泥产量少、耗氧量减少50%、有机碳源减少100%等优点[2]。这些优点使厌氧氨氧化工艺具有广阔的应用前景。然而，由于厌氧氨氧化菌生长缓慢、启动时间长，因此，基于厌氧氨氧化的工艺在实际污水处理中常常难以启动[3]。例如，试验室规模的厌氧氨氧化反应器的启动时间通常在91~1000天之间[4]。

厌氧氨氧化反应的启动对整个反应器的运行具有重要意义。考虑到厌氧氨氧化菌生长速度相对较慢，因此有必要寻找合适的接种污泥来源，以便快速启动厌氧氨氧化工艺[5]；此外，反应器启动过程中最重要的任务之一就是激活和扩增接种污泥中的功能菌，以获得较好的厌氧氨氧化系统性能[6]。

在生物反应器启动过程中，厌氧氨氧化生物量的形态对厌氧氨氧化性能和脱氮微生物群落均有一定的影响。实际上，基于厌氧氨氧化的脱氮技术通常选择悬浮污泥作为接种微生物，因其在稳定的厌氧氨氧化工艺中易于维持[7]。接种污泥的主要来源包括污水处理厂、厌氧消化池和海洋沉积物等[8]。此外，为了快速启动厌氧氨氧化生物反应器，研究人员采取了一些有效的策略，如优化其结构以及使用磁场和静电场等[9]。通常可以采用膜生物反应器[10]、移动床生物膜反应器[11]和序批式反应器[12]等来启动厌氧氨氧化反应器。而对于厌氧氨氧化污泥的来源，可以选择硝化污泥接种、反硝化生物膜接种、普通污泥接种和混合接种[13]等方式。

根据反应器脱氮性能的不同，一般可将厌氧氨氧化工艺的启动分为4个阶段，即细胞溶解阶段、滞后阶段、快速增长阶段和稳定阶段[9]。生物膜由于其污泥停留时间长、沉降特性好、对不利条件的耐受性强等特点，因此适合于厌氧氨氧化工艺的启动[7]。具体来说，载体对生物膜的附着和生长起着重要的作用。例如，某些类型的凝胶载体可以提高厌氧氨氧化工艺的性能[14,15]。除生物膜外，基于微生物固定化技术的凝胶小球是厌氧氨氧化菌的另一种载体。聚乙烯醇（PVA）、海藻酸钠（SA）、聚乙二醇（PEG）和聚氨酯（PU）等被广泛用作微生物的包埋剂。凝胶小球包埋技术具有停留时间长、密度高、固液相易分离等优点。此外，研究表明通过将少量生物量固定在 PVA-SA 凝胶小球中，可以成功地在上流式反应器中快速启动厌氧氨氧化工艺[16]。

厌氧氨氧化工艺的主要应用对象是高氨氮（500~2000mg/L）、低 C/N 比、高温（25~35℃）的消化液[17]。近年来，低氨氮（20~60mg/L）、中/低温（10~25℃）的生活污水越来越受到关注[17]。因此，在厌氧氨氧化领域，将前者消化液的处理条件定义为侧流条件，而将后者生活污水的处理条件定义为主流条件。现在，学者们普遍认为在侧流条件下启动厌氧氨氧化过程比在主流条件下更容易[18]。然而，迄今为止，还没有针对同一接种微生物在这两种不同条件下启动厌氧氨氧化的相关研究。

本研究旨在探讨厌氧氨氧化反应器在主流和侧流条件下启动过程中微生物群落的变化。具体而言，利用接种的厌氧氨氧化污泥同时制备两种微生物系统（生物膜和凝胶小球），以启动厌氧氨氧化反应器。将这两种微生物系统同时在主流和侧流条件下进行测试。同时采用高通量测序技术分析启动过程中主流和侧流条件下微生物群落的变化，并探究微生物群落变化与环境因子之间的相互作用。

8.2 材料和方法

8.2.1 接种工艺

接种的厌氧氨氧化污泥采自某上流式厌氧反应器的污泥床。向污泥中加入人工废水（进水氮负荷率为 0.4g/(L·d)，pH 值为 7.8，温度为 31℃），本研究将接种的厌氧氨氧化污泥与活性悬浮污泥混合。活性悬浮污泥取自天津市某污水处理厂。同时，将接种的厌氧氨氧化污泥和活性悬浮污泥分别以两种不同的方式进行混合：一种是将这两种污泥混合形成生物膜，另一种是将这两种污泥包埋在凝胶小球中。生物膜的形成是通过在厌氧生物反应器中混合这两种类型的污泥，并添加载体 Kaldnes K1©；凝胶小球的形成在第 2 章节中有详细说明。在上述人工废水中稳定培养生物膜和凝胶小球 2 周后，分别在主流和侧流条件下进行启动试验。

8.2.2 凝胶小球包埋技术

将 PVA（7W/V%）和 SA（2W/V%）在 90℃水浴中混合熔融，形成凝胶溶液，用来制备包埋微生物的凝胶小球。当凝胶溶液冷却至 35℃时，将 2W/V%浓缩的厌氧氨氧化污泥和 4W/V%活性悬浮污泥（以 3500r/min 的转速离心 10min 后）分别与凝胶溶液进行混合。然后，将凝胶溶液滴入固定化溶液（2W/V% $CaCl_2$ 和 50W/V% $NaNO_3$）中以产生凝胶小球（直径约为3mm）。此外，在启动试验之前，将凝胶小球在 4℃的固化溶液中保存 24h，之后用蒸馏水清洗干净。

8.2.3 启动过程

分别在主流和侧流条件下测试生物膜和凝胶小球系统的启动速率。整个试验过程如图 8-1 所示。将制备好的生物膜和凝胶小球分别在直径 12cm、高 23cm 的 2L 圆筒式生物反应器中进行连续进水培养。将人工培养液平行流入主流和侧流条件下控制的生物反应器中，水流量为 0.1L/h，水力停留时间为 26h。

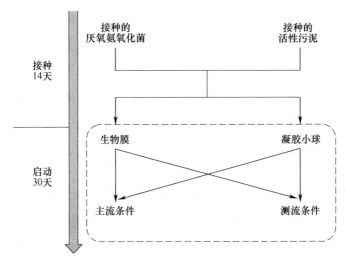

图 8-1 接种和启动阶段的试验过程

由表 8-1 所示，侧流条件参数为温度（32±0.5）℃，pH 值在 8.0~8.4 之间；主流条件参数为温度（20±0.5）℃，pH 值 6.7~7.3。温度由冷却器和水浴加热套精确控制。根据人工培养液的化学成分，侧流条件下化学需氧量（COD）和氨氮（NH_4^+-N）浓度分别为 0 和 600mg/L，主流条件下 COD 和 NH_4^+-N 浓度分别为 80mg/L 和 60mg/L。其他常见的化学成分构成如下：KH_2PO_4 为 27mg/L，$NaHCO_3$ 为 500mg/L，$CaCl_2 \cdot 2H_2O$ 为 180mg/L，$MgSO_4 \cdot 7H_2O$ 为 300mg/L。将微量元素（1mL/L）加入人工废水中，其浓度可参考之前的研究[7]。两种条件下，DO 浓度均控制在（0.8±0.3）mg/L。启动过程为连续进水运行 1 个月，试验结束时对生物膜和凝胶小球进行采样，分析其微生物群落组成。

表 8-1 主流和侧流条件下启动过程的操作参数

项 目	主流条件	侧流条件
进水 COD/mg·L^{-1}	80±4	0
进水 TN/mg·L^{-1}	60±6	600±24
pH 值	7.0±0.3	8.2±0.2
温度/℃	20±0.5	32±0.5
DO/mg·L^{-1}	0.8±0.3	0.8±0.3
生物量形态	生物膜和凝胶小球	生物膜和凝胶小球

8.2.4 DNA 提取和高通量测序

为了进行高通量测序分析，样品应进行预处理。首先在生物膜系统中，将载体表面的微生物以 6000r/min 的速度在 10min 内进行离心分离（TG16-WS 离心机，CECE，China）；在凝胶小球系统中，凝胶小球用匀浆机进行处理（FA25-D，Fluko，德国），使小球中的生物量流出，然后从经过预处理的生物膜和凝胶小球中提取微生物 DNA。

在进行微生物分析之前，先将预处理的样品浸入 PBS 溶液中（中国上海 Sangon Biotech），然后在 -20℃ 下保存。微生物 DNA 通过 PowerSoil DNA 提取试剂盒（MoBio Laboratories，Carlsbad，CA）提取。用 0.8% 琼脂糖凝胶检测 DNA 的纯度和质量。用 338F 和 806R 引物扩增细菌 16S rRNA 基因的 V3-V4 区，并在奥维森基因测序公司的 Miseq 平台上进行测序。

首先对原始数据进行过滤处理，去除低质量的序列。利用 FLASH 软件把成对的 reads 通过其 overlap 拼接到一条序列。在 0.97 相似度下利用 UCLUST

软件将拼接过滤后的序列聚类用于物种分类的 OTUs（operational taxonomic units）。样品中每个 OTU 的代表性序列，通过 BLAST 工具与 NCBI NR 数据库进行比对，得到对应物种分类信息。

采用 SPSS 软件（19.0 版）对数据进行 Spearman 相关性分析。热图和相关性分析图在 R 软件中绘制，Microsoft Excel 2010 用于生成其他绘图。

8.3 结果与讨论

8.3.1 细菌群落多样性分析

五个样品获得了 40976~72531 个高质量的序列（见表 8-2）。对有效序列进行聚类分析得到 227~664 个 OTUs。其中，接种污泥的 Shannon 指数（6.04）大于其他样品的 Shannon 指数（4.23~5.29），表明接种污泥中微生物群落多样性较高。但接种污泥的 Chao1 丰富度指数相对较低。在微生物形态方面，主流条件下凝胶小球和生物膜的 Chao1 丰富度指数基本相当，而在侧流条件下，凝胶小球的 Chao1 丰富度指数明显高于生物膜。而 Shannon 指数展现了一个不同的趋势，即生物膜的 Shannon 多样性数值总是高于凝胶小球。

表 8-2 五个样品的微生物群落的 α 多样性指数

样　品	检测到的物种数目	Shannon 指数	Chao1 指数	测序覆盖度	PD whole tree 指数
接种污泥	349	6.04	351.4	0.999	38.6
主流条件下的凝胶小球	604	4.93	649.6	0.999	60.8
主流条件下的生物膜	575	5.13	817.0	0.998	52.8
侧流条件下的凝胶小球	664	4.23	924.3	0.999	58.6
侧流条件下的生物膜	227	5.29	227.0	0.999	25.5

8.3.2 主流条件下微生物群落的变化

在所有样本中共鉴定出 19 个主要的微生物菌门（如图 8-2 所示）。在不同的样品中，变形菌门 *Proteobacteria* 是最丰富的一个门，其相对丰度为 49.8%~68.9%。接种污泥中有大量的浮霉菌门 *Planctomycetes*（相对丰度 10.4%），但在主流条件下培养后基本消失（凝胶小球和生物膜中 *Planctomycetes* 的丰度<0.3%）。相反，在主流条件下，拟杆菌门 *Bacteroidetes*

（接种污泥中丰度为 5.0%）显著富集（凝胶小球中丰度为 8.1%，生物膜中为 24.6%）。此外，与接种污泥相比，在主流条件下，装甲菌门 *Armatimonadetes* 和酸杆菌门 *Acidobacteria* 的丰度增加，同时，芽单胞菌门 *Gemmatimonadetes* 和绿弯菌门 *Chloroflexi* 的丰度下降。

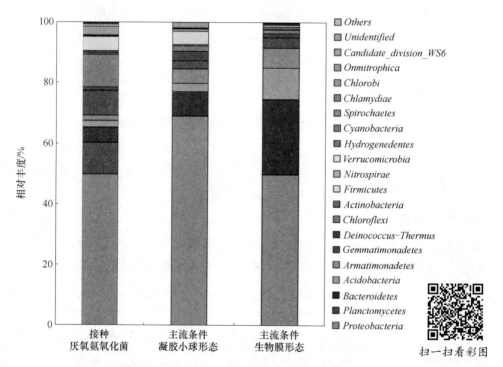

图 8-2　主流条件下接种污泥、凝胶小球和生物膜样品在门水平上的微生物群落组成（相对丰度小于 0.1% 的门归为其他类）

在属水平上（如图 8-3 所示），氨氧化细菌（AOB）的亚硝化单胞菌属 *Nitrosomonas* 的丰度在主流条件下，从接种污泥中 10.2% 的丰度下降到凝胶小球和生物膜中的 1.4%~4.3%。在接种污泥中，共检测到两种厌氧氨氧化菌，分别是 *Candidatus Brocadia*（丰度 5.1%）和 *Candidatus Kuenenia*（1.9%）。在主流条件下培养后，这两种厌氧氨氧化菌在凝胶小球和生物膜中几乎消失。此外，在主流条件下，反硝化菌的优势种发生明显变化。例如，与接种污泥相比，生丝微菌属 *Hyphomicrobium* 和丛毛单胞菌属 *Comamonas* 在凝胶小球和生物膜中的数量显著减少（0.1%~0.5%）。与接种污泥相比，*Denitratisoma* 反硝化菌主要在生物膜中富集（丰度 9.27%），而陶厄氏菌属 *Thauera* 主要在凝胶小球中富集（3.72%）。

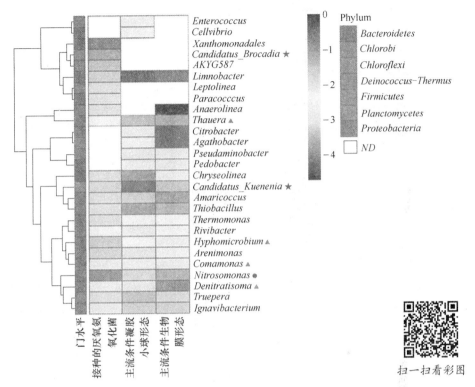

图 8-3　主流条件下接种污泥、凝胶小球和生物膜样品在属水平上的
主要微生物群落组成

（图中展现的值是 log10 转换后的相对丰度；厌氧氨氧化
Anammox 菌：★；氨氧化细菌 AOB：●；反硝化菌：▲）

8.3.3　侧流条件下微生物群落的变化

在三个样品中共鉴定出的 22 个主要菌门（如图 8-4 所示）。与主流条件相似，*Proteobacteria* 是侧流条件下最丰富的菌门（相对丰度为 24.4%~49.9%）。然而，与主流条件（如图 8-2 所示）不同的是，侧流培养后仍有大量的 *Plantomycetes*。与接种污泥相比，凝胶小球中 *Plantomycetes* 的丰度降低到 2.4%，而在生物膜中增加到 18.2%。侧流条件下 *Bacteroides* 在凝胶小球和生物膜中的比例分别达到 53.3% 和 8.1%。与接种污泥相比，*Armatimonadetes* 在生物膜中富集明显，而在凝胶小球中未发现富集。此外，在侧流条件下，*Gemmatimonadetes* 的比例下降。三个样品中 *Chloroflexi* 的丰度变化不大。

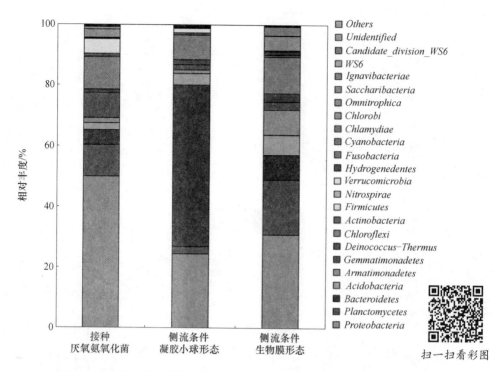

图 8-4 侧流条件下活性污泥、凝胶小球和生物膜样品在门水平上的微生物群落组成（相对丰度小于 0.1% 的门归为其他类）

在属水平上（如图 8-5 所示），与主流条件相比，侧流条件下 *Nitrosomonas* 的相对丰度减少（从 10.2% 下降到 3.3% 以下），并且厌氧氨氧化菌 *Candidatus_ Brocadia* 基本消失。相反，*Candidatus Kuenenia* 在凝胶小球和生物膜中的含量分别为 2.2% 和 15.4%。与主流条件相比，侧流条件下反硝化菌的多样性和丰度普遍下降。例如，*Hyphomicrobium* 在凝胶小球和生物膜中消失。与接种污泥相比，凝胶小球中的 *Comamonas* 和 *Denitratisoma* 没有明显变化。但其在生物膜中的丰度增加，尤其是 *Denitratisoma* 的含量增加了 6.23%。

8.3.4 微生物群落与环境因子的关系

如图 8-6 所示，Spearman 相关性分析表明，厌氧氨氧化菌 *Candidatus Kuenenia* 与温度（主流条件下为 (20±0.5)℃，侧流条件下为 (32±0.5)℃）和 pH 值（主流条件下为 7.0±0.3，侧流条件下为 8.2±0.2）具有很强的正相关性（$r=0.95$，$P<0.05$）。其中，I-8 菌属对温度和 pH 值的响应变化趋势相

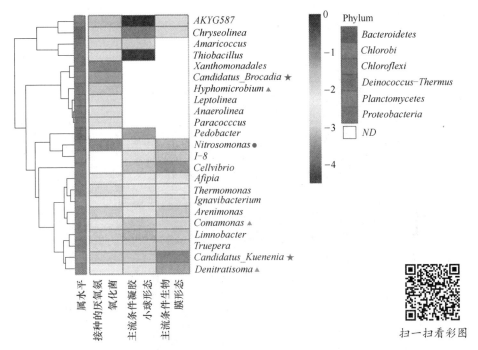

图 8-5 侧流条件下接种污泥、凝胶小球和生物膜样品在属
水平上的主要微生物群落组成

(图中展现的值是 log10 转换后的相对丰度；厌氧氨氧化
Anammox 菌：★；氨氧化细菌 AOB：●；反硝化菌：▲)

似，AKYG587 菌属与 COD 呈显著负相关（$r=-0.89$，$P<0.05$），与 TN 呈极显著正相关（$r=0.97$，$P<0.01$）。而 *Limnobacter* 菌属的丰度与 TN 呈负相关。此外，氨氧化细菌 *Nitrosomonas* 与纤维弧菌属 *Cellvibrio* 的关系极为密切（$r=0.97$，$P<0.01$）。

8.3.5 氮去除性能

生物膜系统中脱氮微生物数量丰富，其脱氮性能如图 8-7 所示。两种条件下 NH_4^+-N 浓度均降低。侧流条件下 NH_4^+-N 由 430mg/L 降至 390mg/L，主流条件下 NH_4^+-N 由 70mg/L 降至 20mg/L。侧流条件下仅产生少量 NO_2^--N，相反主流条件下产生大量 NO_2^--N。NO_3^--N 没有太多积累。以上结果表明，部分硝化-厌氧氨氧化（PN/A）过程发生在侧流条件下，而主流的 PN/A 过程只是部分硝化（PN）过程比较明显，这与微生物学分析结果一致。

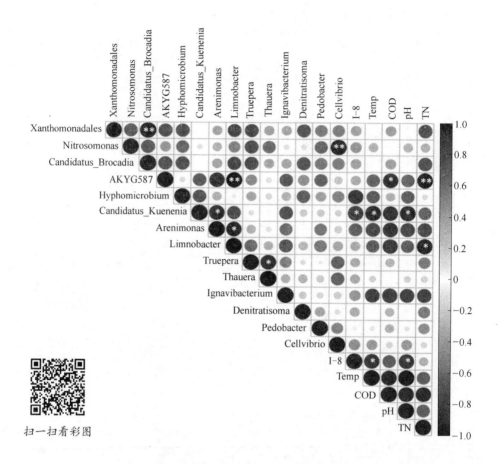

图 8-6　样品主要菌属的相对丰度与基本
理化性质的 Spearman 相关性分析

（灰色和黑色代表正相关和负相关，＊$P<0.05$，＊＊$P<0.01$）

添加 $NaHCO_3$ 后，主流和侧流条件下的 pH 值变化不大，分别为 7.0 ± 0.3 和 8.2 ± 0.2。另一项研究表明，高 pH 值很容易引起游离氨（free ammonia，FA）的积累。具体而言，pH 值在 7.5~8.5 之间通常有利于亚硝酸盐的积累，而厌氧氨氧化菌活性的最佳 pH 值为 8 左右。此外，厌氧氨氧化的高 pH 值还会引起游离氨和游离亚硝酸（free nitrous acid，FNA）浓度的变化，这些变化在抑制亚硝酸盐氧化菌（NOB）和氨氧化细菌（AOB）以及富集厌氧氨氧化菌的过程中发挥关键作用[19]。

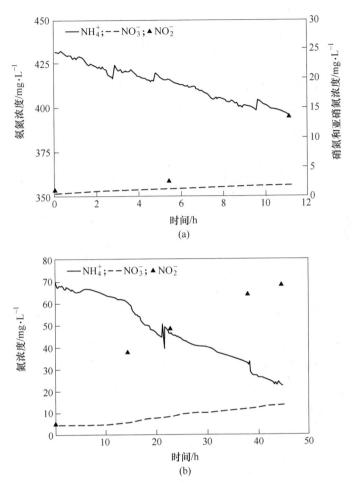

图 8-7 侧流和主流条件下生物膜系统中 NH_4^+-N、NO_3^--N 和 NO_2^--N 浓度的变化

8.3.6 启动过程中厌氧氨氧化菌的变化

启动过程后,在样品中观察到两种常见的厌氧氨氧化菌,即 *Candidatus Kuenenia* 和 *Candidatus Brocadia*。他们是厌氧氨氧化的常见菌种[7,20]。与主流条件相比,侧流条件更适合于 *Candidatus Kuenenia* 的生长。然而,无论在主流还是侧流条件下,*Candidatus Brocadia* 都不能存活。这可能是由于这两类厌氧氨氧化菌种具有不同的特性。例如,有研究发现 *Candidatus Kuenenia* 与亚硝酸盐的亲和力高于 *Candidatus Brocadia*,并且能够通过异化硝酸盐还原过程去除废水中的硝酸盐[21]。在生物膜反应器中,发现 *Candidatus Kuenenia* 类菌种在

厌氧氨氧化菌中占主导地位[22]。总之，在启动过程中，Candidatus Kuenenia 很可能成为厌氧氨氧化的优势菌种，而 Candidatus Brocadia 则通过环境选择被淘汰。

对比观察厌氧氨氧化菌在主流和侧流条件下的变化，也可以发现有趣的现象。例如，厌氧氨氧化菌只在侧流条件下启动后被保留，主流条件下未观察到 Candidatus Brocadia 和 Candidatus Kuenenia。这与主流条件下厌氧氨氧化面临巨大挑战的普遍认识一致。因此，通常采用两级短程硝化-厌氧氨氧化系统来实现主流条件下的启动和稳定运行。例如，有研究人员采用了一种新型的微生物载体，将厌氧氨氧化菌固定在火山岩载体上[23]，并提出了优化操作的控制策略[24]。然而，本研究测试的是单级系统。遗憾的是，在主流条件下厌氧氨氧化菌被淘汰，这可能是由于环境因素的抑制或不同脱氮微生物之间的竞争，比如厌氧氨氧化菌和反硝化菌之间的竞争。从微生物与环境因素之间关系的结果来看，环境因素的抑制作用似乎是主要原因。比如，主流厌氧氨氧化的应用受到季节性温度变化的影响[13]。因此，需要进一步将不同的脱氮微生物进行区域化，凝胶固定化技术可能是一种合适的替代方法。

与主流条件相比，侧流条件有利于厌氧氨氧化菌在启动过程中的生长。例如，据报道，在主流条件下部分硝化-厌氧氨氧化（PN/A）反应器中，厌氧氨氧化菌丰度从 6.6×10^{11} copies/L 下降到 3.2×10^{11} copies/L[17]。在厌氧硝化池工艺的侧流处理中，发现 Candidatus Kuenenia 在厌氧氨氧化群落中占优势[25]。高温是侧流条件的一个重要特征，也是厌氧氨氧化生物反应器启动的重要参数之一。建议在35℃的温度下进行厌氧氨氧化菌的生长和代谢，以保持厌氧氨氧化菌的活性，也可加速贮存后的活性恢复过程[26]。

对比侧流条件下生物膜和凝胶小球中的厌氧氨氧化菌，会发现 Candidatus Kuenenia 的大量富集只发生在生物膜中而不是在凝胶小球中（如图8-5所示），这表明生物膜比凝胶小球更有利于厌氧氨氧化菌的生长。这与之前的研究一致，即厌氧氨氧化菌倾向于以生物膜的形式生长[27]。其原因可能与凝胶中营养物质的传质阻力有关。因此，凝胶小球内的厌氧氨氧化菌活性低于载体表面的生物膜。尽管如此，凝胶固定化技术仍然被证明是以最小数量的厌氧氨氧化生物量启动厌氧氨氧化反应器的有效策略[16]。

8.3.7 环境因素对厌氧氨氧化的影响

厌氧氨氧化过程受 pH、温度、有机物等环境因素的影响很大。温度是微生物代谢和生长的关键参数，直接关系到厌氧氨氧化反应器的性能。众所周知，30~37℃的温度被认为是最适合厌氧氨氧化的条件[28]。Zekker 等人[29]发现，当温度从 20℃降至 15℃时，*Candidatus Brocadia* 的优势持续存在，甚至观察到其丰度的增加。此外，在厌氧氨氧化生物膜反应器中切换进水（温度相对低的主流废水与温度相对高的侧流废水）的研究中也得到了同样的观察结果[30]。厌氧氨氧化菌生长的另一个重要参数是 pH 值。厌氧氨氧化菌生长的最适 pH 值在 6~9[31]。强酸强碱都能抑制厌氧氨氧化菌的活性[32]。

近年来的研究表明，适当的进水有机物含量可以提高 PN/A 的脱氮效果和运行稳定性，高性能厌氧氨氧化工艺的 C/N 比一般在 0.3~1.0。稳定 PN/A 的最佳 C/N 比一般为 0.5。高碳氮比抑制了自养反硝化作用。相对而言，较低的 C/N 比有利于 PN/A 的稳定，但由于硝酸盐的产生，脱氮效率通常较低[33]。此外，相关研究表明，pH 值与温度之间也存在显著的交互作用。研究发现，保持较高的 pH 值可以克服低温对厌氧氨氧化活性的负面影响[31]。

8.3.8 启动过程中硝化菌的变化

对于硝化菌，无论在主流条件还是在侧流条件下，*Nitrosomonas* 都是占优势的氨氧化细菌，这一点也被许多其他研究证实。在两级部分硝化-厌氧氨氧化系统中，厌氧氨氧化反应器前接的硝化反应器中的微生物生态学分析表明，硝化反应器以亚硝基单胞菌为主[25]。此外，在单级脱氮系统中，也证实了在生物反应器从侧流变为主流的操作过程中，氨氧化细菌的优势属为 *Nitrosomonas*[17]。

pH 值在 7.5~8.5 时通常有利于亚硝酸盐的积累，厌氧氨氧化菌活性的最佳 pH 值为 8 左右。实际上，氨氧化细菌（AOB）是对游离氨具有耐受性的微生物物种[34]。游离氨能有效抑制亚硝酸盐氧化菌（NOB）并富集 AOB，实现短程硝化的快速启动和稳定性[35]。高游离氨含量不仅抑制 NOB，而且抑制 AOB[36]。

8.3.9 启动过程中反硝化菌的变化

主流和侧流条件下常见的反硝化菌有 *Hyphomicrobium*（主流条件下凝胶小球和生物膜中的丰度分别为 0.49% 和 0.14%）、*Denitratisoma*（主流条件下凝胶小球和生物膜中分别为 0.78% 和 9.27%；侧流条件下凝胶小球和生物膜中分别为0.79%和6.23%)和 *Thauera*(主流条件下,凝胶小球和生物膜中分别为3.72%和0.02%;侧流条件下,凝胶小球和生物膜中分别为1.71%和2.78%)。其中,在不同的脱氮生物反应器中,可以观察到反硝化菌具有完全反硝化作用[37]。*Thauera*作为一种反硝化菌,常见于好氧-厌氧耦合处理废水[38]。在主流条件下,这些反硝化菌都在微生物群落中被检测到,而在侧流条件下,微生物群落中缺少了*Thauera*。此外,主流条件下的反硝化菌丰度高于侧流条件下,其原因可能是主流条件的低温和有机物浓度相对较高。

对于脱氮微生物群落,*Nitrosomonas*、反硝化菌和厌氧氨氧化菌之间似乎没有发现明显的关系。这意味着,在生物膜和凝胶小球启动过程中,不同脱氮微生物之间并不存在紧密的相互作用。此外,我们还研究了环境因子(温度、pH值、进水COD和TN)与脱氮微生物之间的关系。*Nitrosomonas*和反硝化菌与环境因子无显著相关性。厌氧氨氧化菌与温度、pH值呈显著正相关,与进水COD浓度呈负相关,但这种关系不显著。同样,基于不同pH值下的脱氮性能,可以看出在酸性(pH≤6.5)和碱性(pH≥8.5)条件下,厌氧氨氧化菌的活性受到了抑制[38]。根据Chen等人的研究[39],当进水COD浓度低于99.7mg/L时,反硝化菌和厌氧氨氧化菌可以共存,但COD浓度进一步升高会破坏厌氧氨氧化菌活性,说明COD浓度是调节细菌群落结构的最重要的因素。

8.4 结论

本章研究了厌氧氨氧化反应器在主流和侧流条件下启动过程中微生物群落组成的变化。

(1)在启动过程中,高温的侧流条件有利于厌氧氨氧化菌的生长。

(2)从主流条件来看,本研究中的单级脱氮工艺与两级脱氮工艺相比似乎缺乏优势。

(3)在微生物群落中,*Candidatus Kuenenia*代替*Candidatus Brocadia*更容易成为厌氧氨氧化菌的优势菌属。在侧流条件下,生物膜形态相对于凝胶小球形态更容易被优先选择。

(4)氨氧化菌*Nitrosomonas*和反硝化菌与环境因子无显著相关性,而厌氧氨氧化菌与温度和pH值呈显著正相关。

总体来说,上述研究结果展示了主流和侧流条件下脱氮微生物群落的演替过程，以期促进基于厌氧氨氧化工艺的生物反应器的启动。

参 考 文 献

［1］ Raudkivi Markus, Zekker Ivar, Rikmann Ergo, et al. Nitrite inhibition and limitation - the effect of nitrite spiking on anammox biofilm, suspended and granular biomass［J］. Water Science and Technology, 2017, 75（2）: 313~321.

［2］ Chen Tingting, Zheng Ping, Shen Lidong. Growth and metabolism characteristics of anaerobic ammonium-oxidizing bacteria aggregates［J］. Applied Microbiology and Biotechnology, 2013, 97（12）: 5575~5583.

［3］ Ni Shouqing, Gao Baoyu, Wang Chihcheng, et al. Fast start-up, performance and microbial community in a pilot-scale anammox reactor seeded with exotic mature granules［J］. Bioresour Technol, 2011, 102（3）: 2448~2454.

［4］ Ren Longfei, Ni Shouqing, Liu Cui, et al. Effect of zero-valent iron on the start-up performance of anaerobic ammonium oxidation（anammox）process［J］. Environmental Science and Pollution Research, 2015, 22（4）: 2925~2934.

［5］ Araujo J C, Campos A C, Correa M M, et al. Anammox bacteria enrichment and characterization from municipal activated sludge［J］. Water Science and Technology, 2011, 64（7）: 1428~1434.

［6］ Lin Qiujian, Kang Da, Zhang Meng, et al. The performance of anammox reactor during start-up: Enzymes tell the story［J］. Process Safety and Environmental Protection, 2019, 121: 247~253.

［7］ Wu Nan, Zeng Ming, Zhu Baifeng, et al. Impacts of different morphologies of anammox bacteria on nitrogen removal performance of a hybrid bioreactor: Suspended sludge, biofilm and gel beads［J］. Chemosphere, 2018, 208: 460~468.

［8］ Chi Yongzhi, Zhang Yu, Yang Min, et al. Start up of anammox process with activated sludge treating high ammonium industrial wastewaters as a favorable seeding sludge source［J］. International Biodeterioration & Biodegradation, 2018, 127: 17~25.

［9］ Tang Chongjian, Zheng Ping, Chai Liyuan, et al. Characterization and quantification of anammox start-up in UASB reactors seeded with conventional activated sludge［J］. International Biodeterioration & Biodegradation, 2013, 82: 141~148.

［10］ Trigo C, Campos J L, Garrido J M, et al. Start-up of the Anammox process in a membrane bioreactor［J］. Journal of Biotechnology, 2006, 126（4）: 475~487.

［11］ Zekker Ivar, Rikmann Ergo, Tenno Toomas, et al. Deammonification process start-up after enrichment of anammox microorganisms from reject water in a moving-bed biofilm reactor [J]. Environmental Technology, 2013, 34 (21~24): 3095~3101.

[12] Jin Rencun, Zheng Ping, Hu Anhui, et al. Performance comparison of two anammox reactors: SBR and UBF [J]. Chemical Engineering Journal, 2008, 138 (1~3): 224~230.

[13] Miao Yuanyuan, Zhang Jianhua, Peng Yongzhen, et al. An improved start-up strategy for mainstream anammox process through inoculating ordinary nitrification sludge and a small amount of anammox sludge [J]. Journal of Hazardous Materials, 2020, 384: 121325.

[14] Bae Hyokwan, Choi Minkyu, Lee Changsoo, et al. Enrichment of ANAMMOX bacteria from conventional activated sludge entrapped in poly (vinyl alcohol)/sodium alginate gel [J]. Chemical Engineering Journal, 2015, 281: 531~540.

[15] Isaka Kazuichi, Itokawa Hiroki, Kimura Yuya, et al. Novel autotrophic nitrogen removal system using gel entrapment technology [J]. Bioresource Technology, 2011, 102 (17): 7720~7726.

[16] Ali Muhammad, Oshiki Mamoru, Rathnayake Lashitha, et al. Rapid and successful start-up of anammox process by immobilizing the minimal quantity of biomass in PVA-SA gel beads [J]. Water Research, 2015, 79: 147~157.

[17] Yang Yandong, Zhang Liang, Cheng Jun, et al. Microbial community evolution in partial nitritation/anammox process: From sidestream to mainstream [J]. Bioresource Technology, 2018, 251: 327~333.

[18] Wang Guopeng, Zhang Dong, Xu You, et al. Comparing two start up strategies and the effect of temperature fluctuations on the performance of mainstream anammox reactors [J]. Chemosphere, 2018, 209: 632~639.

[19] Yue Xiu, Yu Guangping, Liu Zhuhan, et al. Fast start-up of the CANON process with a SABF and the effects of pH and temperature on nitrogen removal and microbial activity [J]. Bioresource Technology, 2018, 254: 157~165.

[20] Li Xiang, Huang Yong, Yuan Yi, et al. Start up and operating characteristics of an external air-lift reflux partial nitrition- ANAMMOX integrative reactor [J]. Bioresource Technology, 2017, 238: 657~665.

[21] Kartal Boran, Kuypers Marcel M M, Lavik Gaute, et al. Anammox bacteria disguised as denitrifiers: nitrate reduction to dinitrogen gas via nitrite and ammonium [J]. Environmental Microbiology, 2007, 9 (3): 635~642.

[22] Meng Fangang, Su Guangyi, Hu Yifang, et al. Improving nitrogen removal in an ANAMMOX reactor using a permeable reactive biobarrier [J]. Water Research, 2014, 58 (jul. 1): 82~91.

[23] Jiang Hangcheng, Liu Guohua, Ma Yiming, et al. A pilot-scale study on start-up and stable operation of mainstream partial nitrification-anammox biofilter process based on online pH-DO linkage control [J]. Chemical Engineering Journal, 2018, 350: 1035~1042.

[24] Liu Wenru, Dianhai Yang, Yaoliang Shen, et al. Two-stage partial nitritation-anammox process for high-rate mainstream deammonification [J]. Applied Microbiology & Biotechnology, 2018, 102: 8079~8091.

[25] Kotay Shireen M, Mansell Bryan L, Hogsett Mitch, et al. Anaerobic ammonia oxidation (ANAMMOX) for side-stream treatment of anaerobic digester filtrate process performance and microbiology [J]. Biotechnology and Bioengineering, 2013, 110 (4): 1180~1192.

[26] Wang Tao, Zhang Hanmin, Yang Fenglin. Long-term storage and subsequent reactivation of Anammox sludge at 35℃ [J]. Desalination & Water Treatment, 2016, 57: 24716~24723.

[27] Gu Jun, Yang Qin, Liu Yu. Mainstream anammox in a novel A-2B process for energy-efficient municipal wastewater treatment with minimized sludge production [J]. Water Research, 2018, 138: 1~6.

[28] Chen Hui, Mao Yuan yuan, Jin Ren cun. What's the variation in anammox reactor performance after single and joint temperature based shocks? [J]. Science of the Total Environment, 2020, 713: 1~9.

[29] Zekker I, Rikmann E, Mandel A, et al. Step-wise temperature decreasing cultivates a biofilm with high nitrogen removal rates at 9 degrees C in short-term anammox biofilm tests [J]. Environmental Technology, 2016, 37 (15): 1933~1946.

[30] Zekker Ivar, Raudkivi Markus, Artemchuk Oleg, et al. Mainstream-sidestream wastewater switching promotes anammox nitrogen removal rate in organic-rich, low-temperature streams [J]. Environmental Technology, 2020.

[31] Daverey Achlesh, Chei Pang Chang, Dutta Kasturi, et al. Statistical analysis to evaluate the effects of temperature and pH on anammox activity [J]. International Biodeterioration & Biodegradation, 2015, 102: 89~93.

[32] Li Jin, Zhu Weiqiang, Dong Huiyu, et al. Performance and kinetics of ANAMMOX granular sludge with pH shock in a sequencing batch reactor [J]. Biodegradation, 2017, 28 (4): 245~259.

[33] Li Jialin, Li Jianwei, Peng Yongzhen, et al. Insight into the impacts of organics on anammox and their potential linking to system performance of sewage partial nitrification-anammox (PN/A): A critical review [J]. Bioresource Technology, 2020, 300: 1~10.

[34] Liu Yiwen, Ngo Huu Hao, Guo Wenshan, et al. The roles of free ammonia (FA) in biological wastewater treatment processes: A review [J]. Environment International, 2019, 123:

10~19.

[35] Li Bolin, Yang Dandan, Huang Xin, et al. Study on rapid start-up and stability of partial nitrification based on controlling DO and free ammonia [J]. Environmental Pollution & Control, 2018, 40: 1219~1223.

[36] Kim D J, Lee D I, Keller J. Effect of temperature and free ammonia on nitrification and nitrite accumulation in landfill leachate and analysis of its nitrifying bacterial community by Fish [J]. Bioresource Technology, 2006, 97 (3): 459~468.

[37] Liu Jia, Yi Naikang, Wang Shen, et al. Impact of plant species on spatial distribution of metabolic potential and functional diversity of microbial communities in a constructed wetland treating aquaculture wastewater [J]. Ecological Engineering, 2016, 94: 564~573.

[38] Li Xiaoxia, Liu Xiaochen, Wu Shihan, et al. Microbial diversity and community distribution in different functional zones of continuous aerobic-anaerobic coupled process for sludge in situ reduction [J]. Chemical Engineering Journal, 2014, 257: 74~81.

[39] Chen Chongjun, Sun Faqian, Zhang Haiqing, et al. Evaluation of COD effect on anammox process and microbial communities in the anaerobic baffled reactor (ABR) [J]. Bioresource Technology, 2016, 216: 571~578.

9 展　　望

在过去的几十年里，众多学者对微生物固定化技术在废水处理领域的应用开展了广泛的研究工作。几种固定化技术在废水处理中的应用证明了其对污染物的去除效果。然而，由于废水成分复杂、操作复杂、施工工艺复杂等因素，限制了该技术的工业化和大规模应用。因此，需要进一步研究固定化技术的产业化应用，以应对这些突出的挑战。我们可以主要从以下几个方面展开研究：

首先，固定化载体的选择对固定化技术在工程应用中的成本和使用寿命起着至关重要的作用。因此，开发一种高效、低成本、物理化学稳定性好的多孔结构、高比表面积和良好的生物相容性的载体是实现低运行成本和高去除效率的一个重要的研究课题。必须尽量减少不同试验室之间所得结果的差异性，这就要求对固定化使用的聚合物进行标准化，同时考虑物理和化学性质、纯度、成分和来源的可重复性。

其次，微生物固定化的另一个关键是选择合适的微生物和固定化细胞的剂量。在制备固定化细胞时，必须控制细胞剂量，以防止细胞过度拥挤或者细胞浓度不够的现象。因此，未来的研究应着重于不同载体和处理对象对应的微生物剂量。

最后，由于回收和再生是经济性和实用性生物处理方法的一个重要标志，因此需要对凝胶材料及其吸附的污染物的回收和后处理进行详细研究。